大是文

30歲後，你會站在哪裡？

那些多方嘗試和不敢嘗試的人，
都將淪入貧性循環，
我該如何替未來做好準備？

百萬點閱、暢銷職場勵志作家、
《商業周刊》網站專欄作家
狄驤——著

CONTENTS

第三章　三十歲後，你會站在哪裡？……105

CONTENTS

第五章　如果資本主義是大海，就必須學會游泳…197

推薦序一

「衝勁」與「匱乏」，是三十歲之前最珍貴的禮物

行銷專家／吳育宏

在二十五到三十歲這段期間，是我的人生最有「衝勁」，但也稱得上最「匱乏」的階段。

衝勁，是來自於對未來的無限想像與抱負。特別是經過兩年兵役的磨練後，剛出社會的我，總比別人願意承擔枯燥或重複性的差事。我認為只要是對的事情，咬著牙向前衝就對了。這時候我的衝勁，還帶有一些傻勁和魯莽。

匱乏，對剛出社會的菜鳥來說，是再貼切不過了。薪水不高、沒有存款，工作上也缺乏無可取代的專業能力，更慘的是還好幾年追不到女朋友，金錢、能力、感情都

呈現匱乏的狀態。

當你把「衝勁」和「匱乏」兩項元素，加諸到二十多歲的年輕人身上，有可能產生好的結果，也有可能壞事。現在回想起來，當時的我三餐不正常、做事容易焦慮，就像一個走在鋼索上的表演者，完成任務會贏得滿堂喝采，但有更大的機會從高處摔下來。

正當我對人生感到迷惘，工作能力也原地打轉、找不到突破的方法時，當年我很幸運的，考取「外貿協會」的人才培訓班。和一群對的人，在對的環境，透過對的方法努力，讓我在短短兩年內獲得巨大的改變。從外貿協會畢業的那一年，我接近三十歲，而三十歲後的人生旅程，感覺像走在正確航道上的船隻，看遍無數美麗的風景。

對現今的年輕朋友來說，許多外在環境的困境，和過去相比，有過之而無不及。在網路化、M型化趨勢的衝擊下，企業或個人面對的挑戰更加複雜。相信許多年輕朋友都想知道，自己三十歲後會站在哪裡，更重要的是，要怎麼做才能通往正確的方向走，確保三十歲以後站的位置越來越有競爭力。

我認為在這個既充滿衝勁但又匱乏的年紀，最重要的是有一個機制、一個環境或一個事件，去誘發和強化個人的「動機」，把青澀（苦澀）的能量，轉化為追求成功的養分。

上課進修、志工服務、嘗試新運動等，都是好方法。若是受限於時間或空間，我非常建議透過閱讀，廣泛且大量的接收不同人的生活經驗與觀點，《三十歲後，你會站在哪裡》就是一本值得推薦的好書。

本書作者狄驤對職場、財經乃至於各種社會議題，都有獨到犀利的見解。他還擅長用淺顯易懂的比喻，來闡述自己的想法，所以他的文字一方面平易近人，另一方面卻又深具啟發性。我非常推薦此書，給那些還在摸索中的年輕朋友。

如果找到正確的開關或鑰匙，將來你會發現**帶著一點魯莽的「衝勁」，以及一無所有的「匱乏」，其實是三十歲之前最珍貴的禮物**。

推薦序二

未來的我想去哪裡？

閱讀人主編／鄭俊德

之前我的一位讀友寫信給我，他說他剛被迫離職，現在在找工作，對未來有一點迷惘，希望我開一些書單給他，讓這段失業空窗期，可以給自己一點信心找下一份工作。他在信中還附上了個人履歷，似乎也想請我順便幫他介紹新的工作機會。

因為是剛認識的讀友，我對他也不太熟識，更加深了我的好奇心。於是我多問了幾句，問他想讀哪類的書，另外我還問他，對於下一步的方向是什麼？

在訊息的往返中，他說不知道自己的價值，已經三十歲了，在這個算不上新鮮人，卻也不算職場老人的年紀，有些尷尬、也有著迷茫。而且，在過往的工作中，沒有留下太多可以記錄的好成績，不知道這樣的自己，還能找什麼工作？

有些時候，總是這麼剛剛好，當時適逢收到《三十歲後，你會站在哪裡？》的推薦序邀請。由於其中一個篇章提到的，和這位讀友的經歷雷同，所以我就抽空整理了書中一些段落，傳給這位朋友：

「年紀漸長，人生經歷、工作履歷卻沒有跟著累積，你的體力和精力只會越來越跟不上大環境的需求，導致最終只能像用過的免洗筷被無情丟棄。你必須提前思考的是，這樣的人生是否是你想要的，以及這種無感的人生，你還想過多久？」、「三十而立，指的並非是三十歲成家立業，其中真正的意義，是確立自己的價值觀和職場定位。」、「當你即將邁入三十歲，卻還無法確定自己的志向時，會比手頭沒有錢的問題還要嚴重。」

人不是單靠工作來決定自己的價值，但人生要走得穩健，需要有明確的志向與價值的定位。這個定位越早覺醒越好，不一定要在三十歲，而是現在就是最好的時間。

我透過本書中的故事回覆他，有些人總把下班後的很多時間，浪費在滑手機、躺著看電視。有時不是真的沒事可做，而是對未來無感，下班後寧可發呆，賴在床上或沙發，看著螢幕上的男男女女演著和自己人生沒關係的故事，其實問題就是出在不確定自己的方向。

所以我鼓勵他讀這本《三十歲後，你會站在哪裡？》，因為書裡的內容，正是現在許多迷茫的朋友需要的解答。就如作者提到的，三十歲前的我們，常看到的只有自己。總想著只要有收入就好，其他沒想那麼多，所以下班後，寧可發呆也不想工作。但作者點醒我們，下班後的時間會奠基未來三十歲後的價值。

我們在三十歲後，會看見更多的殘酷事實。這時我們不再是新鮮人，所以要為自己的行為與工作負責，不該再犯相同的錯。而換的工作越多，就必須找到適合的理由證明自己，讓自己被人信任，這就是職場的現實。

最後，我想分享一個尋找方向的方法：**用一張白紙、一支筆自問自答，問自己想要的、不想要的、做得到的、做不到的是什麼**，然後看清現實、了解自己的優勢，才能持續精進，成為想成為的自己，過自己想過的生活。

三十歲是人人都會經歷到的年紀，但無論幾歲，都該經常問自己，未來的我想去哪裡？

總編輯的話

那一天，我終於親眼見到這位傳奇的暢銷書作家

大是文化總編輯／吳依瑋

二〇一八年年底的某個早上，同事惠君告訴我，狄驤有意願出書。

我當時的第一個反應是，狄驤？是那個之前寫《三十歲後，你會站在哪裡？》系列，然後本本都占據書店排行榜很久的狄驤？「是的。」惠君興奮的告訴我。

「原來世界上，真的有狄驤這個人？」這是我腦海中第一個產生的想法。因為這麼多年來，他的三十系列累計銷量突破三十萬本，長踞網路書店銷售排行榜冠軍，《商業周刊》專欄每週有百萬粉絲追蹤。但最令人好奇的是，他除了寫書、寫專欄，從來沒有在任何媒體出現過，讓我一直以為，狄驤不是一個人，而是一群人。

而且，他的專欄常常語出驚人，像是**「千萬不要用薪水買茶葉蛋」、「常喝星巴克的上班族比較笨」、「窮忙的人不要開 TOYOTA」、「太在意薪水的人，都是不愛錢的人」**，總是在網路上掀起正反兩方意見的筆戰，有人罵、有人讚，屢屢成為搜尋引擎的熱門話題。當時我以為，狄驤應該是一個組織，否則怎麼能如此多產，甚至毫無畏懼的抵擋那一長串網路鄉民瘋狂的洗版。

兩週後，透過同事的引薦，我終於在辦公室見到本尊。他個子不高但氣勢驚人，本人跟他的文字一樣酷，戴頂黑帽，不苟言笑，講起話來動不動就訓人（跟他的文字一樣），但內容又犀利得讓你無法反駁。

我很好奇的問：「大哥，你怎麼老愛用文字罵人？寫溫暖的事情不好嗎？」他很直接的回答：「這年頭願意講真話的人越來越少了，而且，**一個人應該在年輕時多聽殘忍的話，不要到了老年才發現，自己被很多好聽的謊言所騙，想後悔已經來不及。**」

所以，他的文字總是如此犀利：

> 養活年輕的自己是一件容易的事，但要養活年邁的自己，就不輕鬆了。
>
> 除非自己當老闆，否則得學會接受負面評價。

沒有危機意識，就等著被狼吃掉。

年輕人可「多嘗試」，但時間請盡量短，因為你工作經驗越多，起薪就越低。

四十歲失業，是你二十歲造的孽。

未來要比的，不是誰的證照多，而是誰的弱點少。

我問狄驤：「你這些真話哪裡來的？都是你的經驗？」原來，狄驤年輕時有一份人人稱羨的工作，他在臺灣只有三家電視臺的年代，就在其中一家電視公司服務，不過也因為工作太安穩，讓他毫無危機意識，天天吃喝玩樂、夜遊夜唱到天明，直到二十七歲開始逼自己練功創業，用心賺錢，人生才有了反轉。

由於這段經驗，讓他深深體會到，三十歲真的是一個人的決勝關鍵點，**三十歲時你站在哪裡，就會決定你一輩子爬多高**，因為年紀越大，你能爭取的職位就越少。所以，**你得越早替自己找到定位，不論你現在幾歲**。

這本書，是狄驤過去幾年出版過的書的全部精華，非常感謝他把這個重版再來的機會交給大是文化，站在編輯的角度，五年後我再重溫這些文字，還是有種句句都像被雷打到的震撼。

不管你以前有沒有讀過他的作品，也不管你是三十歲前讀，還是三十歲後才讀，希望你的感受，都跟本書的責編妹妹一樣：「讀完之後，醍醐灌頂呀！」

前言

三十歲前的時間流逝，是讓人忘記未來的煙火秀

如果人生是一場夢，三十歲往往是許多人開始覺得，再繼續做夢下去會有點吃力的時間點。當然有人會提早察覺、有人後知後覺，有人則是不知不覺。這好像有人二十幾歲就開始不去吃到飽餐廳，吃那堆廉價又不衛生的垃圾一樣，有人則是到了四十歲還在那裡吃粗飽。

其實，三十歲也是個很危險的時間界限。因為，大多數的人總在三十幾或四十歲以後，才驚覺自己三十歲前，人生好像一片空白，像是被鬼遮眼、被外星人綁架。眼看自己快中年了，還是沒有存款、沒有資產、沒有事業或任何專業上的成就。

美國經濟學家艾文・費雪（Irving Fisher）曾提出「貨幣幻覺」（Money illusion）這個概念，簡單來說，就是在通貨膨脹時，企業和個人因收入增加，產生貨幣變大或購買力增加的幻覺。

而我也想提出一個「差速效應」的概念，意思是指人們在三十歲前，往往會有喪失時間流逝感的錯覺。

因為，人們在這個黃金期，有學校和社團或各種社交圈，加上身體健康、精神充足，吃喝玩樂、熬夜唱歌都沒事。回到家又有各種線上遊戲、出門又有手遊可以玩，讓人們的大腦在這個二十到三十歲間的黃金期，對沒有頻寬限制的時間流速，幾乎沒有煞車和記憶點。

因此，這個黃金期的時間流速，遠比任何時期都快。

當你過了三十歲，開始感受到工作和經濟壓力，覺得社交圈變小或朋友變得現實勢利，感覺體力變差、小病不斷，開始認命不能再熬夜玩遊戲，以及吃泡麵、雞排、珍珠奶茶這些垃圾食物。這時，你就會覺得時間流速變得很慢。

如果三十歲前你的時間是高鐵，三十歲後就是捷運，漸漸的會變成臺鐵區間車，年紀越大又變成公車，再來就是變成騎腳踏車，最後變成靠雙腳前進，最慘的是變成在地上爬，連輪椅都沒得坐。這種對時間流速的錯覺，我稱為「差速效應」。

村上春樹說過：「**我一直以為人是慢慢變老的，其實不是，人是一瞬間變老的。**」這世間最可怕的，不是白髮蒼蒼的老態，而是你一直活在二十幾歲的夢裡，直到有一天被老人年金領款單或住院通知敲醒，你才在這一瞬間發現，原來，自己早就已經白髮蒼蒼。

三十歲前的時間流逝，是讓人不會想到未來的煙火秀。說真的，這個道理人人都懂，但連我也會把煙火當真。我二十出頭時也是天天吃喝玩樂，甚至夜唱、夜遊到天亮。還好那時我實在太窮，二十七歲左右開始逼自己練功創業，用心去賺錢。

如果你正值二十出頭或才剛過三十歲，我想，光是靠這些老生常談，你無法從骨子裡領悟到，三十歲前該做的事真的超乎你想像得多，而且對你的未來有多麼重要。

因此，我很感謝大是文化願意把我在二〇一三到二〇一五年間完成的作品，再次集結出版，提醒年輕朋友們，不要忽略了「差速效應」的殺傷力。

畢竟，時間是只會遞減且不會再生的資源。**年輕時不做該做的事，老了就只好被逼得去做不想做的事了。**

1

三十歲前，
你能看到的只有自己

01

對未來無感，是世上最恐怖的事

舉牌員剛開始在街頭流行時，我認為自己看見了這個社會的微縮風景：它同時顯示出有人住豪宅，而有人得當人力看板的現實。

對許多人而言，「人生三十」差不多是理想幻滅、面對現實的時刻。接近三十歲的人面對期待和現實落差，已有相當程度的接受力，也可能已經對未來無感。

這並不難理解，今日已和經濟起飛的民國七十年代大不相同，大環境的困頓，造成本應是「自我追尋」（Self-Quest）世代的年輕人還沒來得及自我實現，就從夢想的雲端被打落到失意的谷底，淪為失落的一代。

身處這個時代，埋怨自己的出身或羨慕富二代都是毫無意義的。這社會本來就會有人得到太多，而有些人一無所有。否則，為何有人住豪宅，有人卻得當路邊的舉牌員，忍受風吹日晒？

趁還年輕時認清現實的殘酷，未嘗不是件好事。

即將三十歲的你，面對此情景除了感嘆還必須有所認知：你現在所做的每件事、每一個決定，都是「播種」的過程，**一旦過了三十歲，年少時播下的種子就到了開花結果的階段，很難再改變了**。

但願你所決定的人生方向，能讓你在躺進土裡的那一刻了無遺憾。

三十歲的懸崖，你還開心前往？

在大學文憑普及的今天，學歷在謀職時的影響相當有限，這時設法增加自己的競爭力、建立你在職場上的無可取代性，便成為重要的課題。

畢業後只從事過保全工作的Ben，轉眼即將來到三十大關。本以為保全這項工作能輕鬆做到退休，因而毫不在意年紀的Ben，最近忽然發起愁來。

原來是因為經濟不景氣、就業環境艱難，迫使一個個大專畢業生湧進保全公司，成為自己的同事，這使得 Ben 備感壓力。

雖然新進人員只能選擇當夜班保全，然而過沒多久，摸清狀況的新人都會想競爭日班保全的位置，換取和家人相處的時間。雖然薪水微薄，但是這種規律上下班、沒有壓力的工作，誰不想要？

種種原由，使得 Ben 的位置變得讓人覬覦，他天天擔心被取而代之。

三流大學畢業的 Ben，本來就覺得自己矮人一截，加上近三十歲的體力也比不上剛從學校出來的年輕人，使得他每日都處在擔心害怕的情緒中，甚至嚴重到需要就醫吃藥才能入睡。三十歲的人生便已如此，往後的幾十年又該如何？

其實像 Ben 這樣迷失到三十歲的人不在少數，他只是比較明顯的例子。很多人學無所長，總希望盡量延後進入職場的時間，選擇先以打零工的薪水維持基本生活，殊不知這會使競爭力在不知不覺中消磨殆盡，逐漸與勞動市場脫節。

畢竟**年紀漸長，人生經歷、工作履歷卻沒有跟著累積，你的體力和精力只會越來越跟不上大環境的需求**，導致最終只能像用過的免洗筷被無情丟棄。

你必須提前思考的是，這樣的人生是否是你想要的，以及這種無感的人生，你還想過多久？

三十而立，不如三十「不立」

剛出社會的階段，年輕人不管是去澳洲打工，還是選擇過「飛特族」（Freeter）的生活都未必是壞事，這不僅可以增廣見聞，還能累積人脈存摺，對懂得運用經驗的人來說並非毫無意義。

然而這不表示無的放矢、逐「錢」而居的生活能永遠持續下去。你必須學會替人生設定停損點，在機會用盡前折返。

很多剛出社會的年輕人，會因為拿到生平第一份薪資開心得做夢都在笑，發薪日前就扳著指頭打算這筆錢的用途。

這麼做無可厚非，對報酬有渴望是好的開始，這能增加工作的動力。如果你堅持「沒有錢，一切都是假的」，倒也不能說這句話全錯，但當你**即將邁入三十歲，卻還無法確定自己的志向時，會比手頭沒有錢的問題還要嚴重**。畢竟沒學會釣魚，光揣著滿滿的魚簍子，你能安心嗎？

三十而立，指的並非是三十歲成家立業，其中真正的意義，是確立自己的價值觀和職場定位。

如果你對「三十而立」的定義僅限於存到錢後結婚生子、買房買車，那還不如「三十不立」；過早把資源壓在傳統定義的成家立業上，等待你的可能是沉重的貸款，以及付不出孩子學費的窘境。

記住，一切以「錢」為目標的路，終究會有盡頭。

當你二十歲的時候去面試，可以跟考官說「我年輕、有衝勁、吃苦耐勞、什麼都可以做」；二十五歲的時候，你的臺詞變成了「我有工作經驗、有企圖心」。

那麼，三十歲呢？

有遠見的人不僅要坐二望三，還要先一步考慮四十歲、五十歲，到時年邁的你會在哪？是在公園乘涼打太極，還是冒險在車陣中兜售玉蘭花？倘若你有一天不能動了，生活無法自理時，誰能照顧你？

我有個朋友，由於家中長輩中風的緣故，雇了一位外籍看護。根據我的觀察，這位外籍看護需要全天候照顧老人，幾乎沒有自由可言。

她賺的是辛苦錢，雖然在臺灣工作能領到比本國更豐厚的薪水，但這些錢她都寄回了故鄉。

某一次閒聊中，這位看護告訴我，她的國家流行早婚，她很年輕就有自己的孩子，為了養活家人、籌措孩子的學費，她只有出外打工一途。

時至今日，這位外籍看護的年紀已然不小，她也想回家和親人團聚，然而家鄉的房子貸款仍未付清，兒子也還有學費要繳。

這是體力勞動者的悲歌，我彷佛已看見二十年後，她冷清又蒼老的背影。她的國家沒有賣玉蘭花的小販、街頭的舉牌人，只有彎腰鋤地的老農夫，和吃力哄著幼兒的祖母。她的晚年，又由誰來看護？

02

三十歲前，每個人都有三次成功的機會

我曾聽說，人的一生有三次致富的機會，一是出生名門、二是嫁娶豪門、三是結識貴人。

我們雖然不能決定自己的出生，但或許有嫁進豪門或結識貴人的機緣。不過我看過太多年輕人，雖然機會來了、貴人來了，卻沒有辦法好好發揮與掌握，而我發現其中最大的原因，就是**過於短視近利，以致錯失「飛黃騰達」的良機**。

在機會面前，把自己變成資產還是負債？

這幾年在媒體的渲染下，女星嫁進豪門時有所聞，我常看見辦公室裡的年輕女孩圍在一起討論，面露的神情皆是羡慕。不過很快沒隔幾年，又可看到女星離婚收場的新聞。

為什麼女星嫁進人人稱羡的豪門，卻沒有美滿的結局？這世上的緣分本來就很難說；但也有絕大部分是毀在自己的手中，怨不得別人。

就像過去新聞報導，有個知名男藝人結識了一個女模。兩人看電影時被記者親眼目睹，男藝人一心想避開記者的追蹤，想趕快低調離開，沒想到女模卻希望讓這段戀情曝光在眾人面前，以正名自己的地位。念頭至此，她便假裝跌倒，把手上的水潑向記者，讓現場每個人都傻了。而女模顯然沒有意識到自己的行為不妥，之後嘴上雖然對記者說不好意思，但神態輕狂，完全破壞男藝人不想過分張揚的心思。

為了此事，男藝人不但出面道歉，連經紀公司也趕緊賠不是，為她做出的行為善後，試圖挽救男藝人苦心經營的形象。她這種瞻前不顧後的行為，不但沒有讓她因此抓緊男藝人的心，反而成為男藝人決定與她分手的導火線。

其實很多年輕人的行為，跟這個女模短視近利的行為沒有兩樣。也就是說，雖有大好的機會擺在年輕人眼前，他們卻短視近利和自作主張，做出自毀長城的行為。而這樣的員工，我公司裡也有一個。

某年我準備在隔年推行一個新專案，並且將這個專案交給曾有相關經驗的年輕員工負責，同時測試他的能力水平。我想如果他能把這個專案成功辦好，便要升他擔任主管。

但我卻沒想到這個員工仗著我對他的信任，也仗著自己過去的經驗，便在私底下與廠商達成許多協議，更逕自示意廠商將這些條件寫進合約裡，若非我細讀合約後及時發現，差點就要每年支付八百萬元給廠商。

事後我把員工找來問話，問他為何自作主張，他竟然振振有辭的回答我：「這筆金額我之前就已經寫進年度預算表裡，您看過也沒有疑問，我以為您已經同意，所以就沒有針對這點特別向您報告。」

員工這話讓我嚇出一身冷汗，這種設下陷阱、賭著如果主管沒有發現就能蒙混過關的心態，讓我深感不安。當下我毅然決然把這個專案交給別人去做，否則哪天被員工賣了還要幫忙數錢。

放眼現在的年輕人，要不就是開會時坐在最後默不吭聲，要不就是遠遠在電梯口看到老闆就迅速閃身，以避免跟老闆搭乘同一部電梯。但在職場上，還是有很多二十幾歲就有強烈企圖心的年輕人，的確有幾分實力，也積極爭取表現的機會。通常我很樂意給這種年輕人機會，但幾年下來，最後總是讓我失望的人居多。

因為這些年輕人雖然聰明，但往往過分自大，還喜歡擅自作主，甚至挖坑給老闆跳。其實如果這些被老闆看重的人才，能把握機會好好表現，就可以持續累積自己在職場上的資產。但**他們這樣的工作態度，反而會把眼前能累積的資產，變成無可挽救的負債**。

不敢承擔責任，永遠別想成功

另外還有一種年輕的職場人，把老闆給他表現的機會推開了，還告訴老闆：「對不起，這個任務太艱難，我不想承擔。」

先前我底下有個將近三十歲的年輕業務員，來到公司一年，業績始終保持在前三名，很得我的賞識，所以我決定升他當小主管，希望他能把底下的新人一起帶起來。我告訴他，這是一個在業務能力之外，能提升與培養管理能力的好機會。

一開始，年輕員工在乍聽到他「升官」時非常高興，滿嘴承諾一定會全力以赴。但一週後，他突然來找我，說他不想升任小主管，因為他不想承擔當主管的責任。

「我覺得我比較適合當業務，不適合當主管，而且當主管還要承擔整個部門的業績，要背負的責任實在太大，如果您不同意，我只好離職。」既然他祭出離職單，我也只好順他的心意。只是我不能明白，為什麼年輕人沒有承擔責任的勇氣。

我知道他們是不想承擔任務失敗的「重罪」，然而對老闆來說，他更想知道你有沒有承擔責任的勇氣。畢竟**他敢晉用年輕人，並且願意把重大任務交給你，代表他已經評估過，認為你有能力勝任，才願意給你機會**。

當然，年輕人的確也有可能因為經驗不足而失敗，但老闆其實更希望，你**能夠從失敗中吸取經驗**。只要這個門檻過了，你自然會有更多的勇氣與責任心面對更大的挑戰。這對自己的職場資歷來說，是買不到的寶貴資產，千萬不要輕易放棄。

在三十歲前，你越早經歷挫折與失敗，就能越早取得成功的門票，就如同《商業周刊》創辦人何飛鵬說：「**人的一生都有三次以上的成功機會，只要成功掌握一次，都可以不虛此生**。」重點只在於機會來臨時，你會如何應對。

03 我現在的收入夠養活年邁的自己嗎？

有一次，我在和親戚的聚會中，發現家族中年輕人對工作的態度，竟然消極到如此不堪的地步。

當時，我問下一代的晚輩，大學畢業剛成為社會新鮮人的他們，現在都在做些什麼工作，或對未來有什麼規畫跟遠景。沒想到，他們一個個意興闌珊的玩著手機，用不在乎的語氣隨便敷衍我的問題。

其中一位年輕人，說他現在在一家貿易公司當行政助理，每天打著一成不變的報表、準時打卡上下班，而一週當中最期待的就是週五；另一位說他現在每天都在念書，因為他的父母希望他去考公職，若是有幸考上、能有個鐵飯碗，一輩子就不愁會餓死。而畢業後對未來感到茫然的他，也就順著父母替他訂下的規畫走。

這些不到二十五歲的年輕人都有一個共通點——**工作對他們而言，只是用來賺錢的工具，完全無法為他們奠定未來的競爭力**。

我曾看過一項調查指出，現階段三十歲左右的上班族，有半數以上認為自己的收入無法滿足生活需求。會有這樣的結果，很多人的第一直覺反應可能是怪經濟不景氣。他們認為兩萬多元的微薄薪資，加上持續飆升的物價，是讓他們沒有辦法過上幸福日子的最大元凶。

看著這些過了三十歲，仍在一成不變的薪水裡掙扎的上班族，二十歲的你應該要警覺的是，其實讓三十歲的你陷入這種恐慌的根本原因，跟經濟蕭條以及兩萬多元的薪水一點關係都沒有。

相反的，這些原因，對於現在茫然面對未來的年輕人來說，反而還是一個最合理的藉口，讓他們可以理直氣壯的過著悲慘又消極的生活。

做著駕輕就熟的工作，最後只有年齡虛長

我在臉書上看到很多現在年輕人的生活現象，彷彿可以由此預測出他們三十歲後

的窮酸生活。

有一位二十五歲左右的年輕女孩，在廣告公司當會計，每個月可以領到三萬多元的薪水，對於剛畢業的新鮮人來說，待遇算是相當不錯。但是她每天準時上下班，下了班就和好姊妹逛街、吃美食，每天看到她臉書上的打卡好不豐富；然而每到月底，她彷彿像是從人間蒸發一般的消失無蹤。後來一問之下，才發現她是個月光族，每到月底只好把自己關在家裡，苦等著下個月的薪水入帳。

事實上，每個月三萬元的薪水，要養活一個人不但足夠，而且還綽綽有餘。可是這樣穩定的收入，往往薪水的漲幅也一樣穩定。三十歲以後，你得拿著跟現在差不了多少的薪資，做著跟現在相同的工作，然後月底一樣吃著泡麵、甚至要欲哭無淚的面對卡債像滾雪球般越欠越多的處境。

在你們為了微薄的薪水怨天尤人、說了一堆藉口後，你們唯一沒有批判的是自己苟且的態度，而這才是為什麼你們到了三十歲還一事無成的元凶。

「如果花三分力氣我可以吃滷肉飯餵飽自己，那我也沒有必要為了吃鮑魚、魚翅把自己累個半死。」有時候知足跟得過且過只是一線之隔，而得過且過的生活態度，讓你在三十歲過後，連滷肉飯都吃不起。

我有個朋友，一直想要自己創業，在退伍後為了培養實力，先暫時到一家房屋仲介公司當助理。雖然薪水只有兩萬三千元，但他訂下計畫，要一邊累積人脈一邊存錢，為未來打下基礎。然而安逸的生活，讓他在十年後仍舊當助理，日復一日做著他駕輕就熟的工作、領著一樣低的薪水，且生活沒有目標、存款沒有起色，而高不成低不就的平凡生活，讓當初的夢想早就已經屍骨無存。

「**薪資只會隨著能力增加，而不是隨著年紀增加**」，只是，這是很多人不願看見和承認的事實。

把工作當作成功的途徑

很久以前，我在買車時曾認識兩位業務，第一位業務年近三十，在我第一次向他諮詢時，我就向店經理表示我拒絕向這位業務買車。因為這位業務不但服務態度差，連車子的基本性能都比我這門外漢還不清楚。

經理一邊向我賠不是，一邊向我表示，其實這位業務的狀況不佳也不是一、兩天的事了。雖然他的態度不積極，但在公司待了六、七年，卻也是每個月都達到基本業績，所以公司也沒有辦法隨便資遣他，希望我可以多加包涵。

後來換了一位二十出頭的年輕小夥子，雖然看起來是菜鳥，但態度積極，即使有不懂的問題也肯虛心學習。除此之外，記得有一次將近晚上十點，我在居酒屋遇到他，發現他正在和一位客戶談生意，而在結束後看到我也連忙過來敬酒。因為欣賞他積極的態度，所以只要我有朋友想要買車，一定都會替他牽線，而我也相信會這樣幫助他的客戶，不只我一個。

幾年過後，原本的經理退休，不到三十歲的他爬上了經理的職位。相較之下，另一位被我客訴的業務，聽說後來因為隨著年紀越來越大，沒有人脈跟體力的他，業績越來越不樂觀，最後仍舊逃不過在中年面臨被裁員的命運。

如果你的生存目的就只是為了養活自己，這樣微小的要求會讓你每天的生活有如行屍走肉，每天抱怨薪水太少、工作太累，只要達到基本業績就開始擺爛，雖然暫時不會被公司開除，但到了五十歲，卻還是只能向客戶搖尾乞憐，甚至是面對中年失業的窘境。

養活年輕的自己是一件容易的事，但想養活年邁的自己，就不是件輕鬆的事了。從你退休到生命的最後一刻，風中殘燭的你，拿什麼本事或本錢來餵飽自己？如果你只是把工作當作餬口的工具，那麼，這份工作帶給你的，除了少得可憐的薪水，剩下的就只有你日漸萎縮的生存能力。

三十歲後，你要怪的不是無能的政府，也不是摳門的老闆，而是當初二十歲對未來茫然無感的自己。

04 下班後，寧可發呆也不要再想工作？

有天我到員工餐廳用餐，坐在我附近的都是大學畢業就開始工作，已經累積兩、三年職場經歷的「半熟人」。一個說每天事情多到做不完，另一個就問，那你怎麼不把工作帶回家做？

那個年輕人說：「我不想把工作帶回家，很多職場專家都說工作與生活要分開，適度的休息很重要。我覺得專家說得很有道理，所以我回家吃完飯、洗完澡後，就什麼都不想，只待在房間用電腦，上網看影片看到十二點然後睡覺。」

另一個年輕人也跟著附和：「沒錯，我最喜歡坐在沙發上看電視放空，不然就是打開電腦上網，不過很奇怪，明明什麼也沒做，隨便混一下就不知不覺快凌晨了。每天都發誓要早睡，結果最後還是搞到三更半夜。」我聽著這些年輕小夥子的下班生活，發現每個人的生活經驗幾乎千篇一律。

不到三十歲，卻過著退休生活

很多年輕人準時六點下班打卡，回到住處後，拿起電視遙控器按下開關，一邊看著電視上正在播放著的熱門韓劇，一邊上網逛社群網站、吃著巷口買來的便當，吃完飯後開始打混，抱著手機不停和朋友傳訊息，用各種表情符號聊天，早已把當天上班時發生的所有一切拋到腦後，最後在一堆沒有建設性又鬼打牆的廢話中強迫自己入睡。

接著，假日就在家裡坐著當沙發馬鈴薯，拿著電視遙控器毫無目的的亂轉一通，這些聽起來像是七十歲的退休老人生活，卻是現在大部分還不到三十歲年輕上班族的真實寫照。

現在的年輕人，明明處於各方面都很精力旺盛的時期，卻在下班後自動變成無法思考的機器人。最後，總在隔天早上起床開始懊惱：「**我昨天下班回家後，到底在幹什麼？**」

我曾聽過不少人抱怨：「我每天上班在辦公室裡已經用腦過度，體力也消耗殆盡了，誰還有心情做其他事情？所以我只能放空，做一些不需要動腦的事情。」

對於上班族來說，最大的痛苦莫過於連下班後都還保持在工作狀態，因為老闆不會發給你薪水。其實，**真正影響家庭和生活的從來都不是工作本身，反而把時間都浪費在雜事上，缺乏時間管理的意識，才是大多數年輕人的悲哀**。

有很多人在社群網站上的朋友，動輒高達五、六百人，他們每天拿起手機上網不斷關注別人的動態。但說實話，看再久你們的感情也不會累積，只不過是花了好幾倍的時間，重複做一樣的事。

想改善工作品質只要半小時

記得以前看過一個統計數據，是關於臺灣的上班族在下班後最常做的事，而前兩名就是「上網」和「在家看電視」。

看電視和上網當然是正常的娛樂，這不是什麼罪不可赦的事，但你卻沒想過，這樣用來打發時間的模式，同時把人生體驗和可以創造的價值都消磨殆盡。這樣下去，你無論在工作還是生活，都注定成為一隻找不到方向的無頭蒼蠅。

我聽過一個有趣的理論：在三十歲以前，你人生中最重要的大事，大部分都是發生在你睡覺或工作的時候。每個人一天只有二十四小時，為什麼有些人越賺越有錢？有些人越工作越窮？因為有人工作一小時只賺一百多元，有人工作一小時卻能賺進上千元。

前一陣子，網路上流傳過一個故事：有兩個人在同一場飛機空難中，流落到不同的荒島上，這兩個人各自都很努力求生，在島上搭起臨時的避難住所、採集島上的野果充飢，每天眼睛睜開都為了最基本的溫飽忙碌著。

其中一個人從太陽升起後，開始在島上奔波一整天，好不容易把自己餵飽後，就躺在沙灘上看著夜空、數著星星，幻想著隔天早上醒來，有一艘大船航行經過發現自己的蹤跡，他就能脫離這個鬼地方。

另一個人同樣也在島上為了填飽肚子而忙得團團轉，當然他也渴望能稍微放鬆一下，但他知道自己不是來島上度假，離開這裡回到原本的生活，才是最終目的。所以他不斷為了脫困做各種準備，不但儲備足夠燃燒的木材和食用水，還挑選大塊的石頭在沙灘上排出「SOS」的字樣，甚至開始編織竹筏。

直到有一天，有一架飛機飛過這兩座荒島，前一個人抬頭看著天空，急著想求救，卻發現自己什麼都沒準備，只能手足無措的看著飛機從頭頂飛過，失去所有可能獲救的機會；而另一個人卻立刻把平常準備好的木材點火燃燒，製造大量的濃煙，吸引飛機上駕駛的注意，最後成功獲救。

我常聽到許多年輕人掛在嘴邊的一句話是：「我不希望人生只有工作。」這話說得沒錯，但諷刺的是，會說出這些話的人一副人生就該及時行樂的樣子，實際上只是「理所當然」在浪費時間。

其實，如果你仔細閱讀許多大老闆的成功故事就會發現，有時候他們只是**在睡前花了半小時，擬訂好明日的工作計畫，想清楚該做哪些事**，就能讓自己隔天的工作效率大幅提升，不但賺到錢，同時又能享受休閒生活。

人生的確不是只有工作，但如果你沒有把時間用來進一步提高自己的附加價值，就算解救你脫離兩萬多元困境的機會來臨了，你一樣只能望洋興歎。

05 「如何打發時間」，才是人生大事

有次過年家族團聚，剛出社會沒多久的姪女興高采烈的向大家報告，她當臨時演員看到的趣事。

聽著姪女嘴裡的趣談，我問她臨時演員的戲分是什麼，她說：「就是當坐在餐廳裡面吃飯的客人，或在路上走來走去的路人甲。」

這聽起來像是「無三小路用」的背景人物看板。我問她為什麼想當臨時演員，她回答我：「打發時間啊！反正閒著沒事做，無聊去玩玩，就當作是一種人生體驗也不錯，說不定哪天被製作看上，還能去當演員也說不定。」

其實，我真的不知道，這年頭「如何打發時間」對許多年輕人而言，竟然是眼前最迫切需要解決的人生大事。只要在網路上輸入「打發時間」這四個字，就可以看到

一堆人請網友提供用來打發時間的樂子，這現象當真讓我匪夷所思。

抱持領便當的心態，是在慢性自殺

美國有一個調查顯示，在十八至二十九歲的美國人當中，有超過五成的年輕人上網是為了找樂子或打發時間。

紅極一時的手機遊戲《糖果傳奇》（*Candy Crush Saga*）之所以盛行，甚至讓研發此遊戲的公司，從瀕臨倒閉到年收新臺幣上百億元，其中翻轉的關鍵，就是遊戲的發明人看到年輕人在大眾交通工具上都在玩手機殺時間，或躺在沙發上無所事事，因而突發奇想，產生此遊戲的靈感，沒想到竟然讓公司起死回生。

原來「打發時間」的背後，竟然隱藏如此大的商機。不過，到底是這家公司了解消費者，還是打發時間真的已經變成世界大事，必須用心看待？我認為，這雖然是一種「趨勢」，但更是一種悲哀。

因為這讓我想到魯迅說的一句話：「浪費別人的時間，無異於謀財害命；**浪費自己的時間，無異於慢性自殺。**」

我深入詢問當臨演的姪女後才知道，原來當臨時演員的時間長達八小時。但真正派上用場的時間，前後加起來大概只有一小時，其他七小時都在一旁瞎等待。當我再問姪女等待的七小時都在做什麼，她又回答我：「想辦法打發時間。」

我聽了感到無言，為了打發時間去當臨演，然後在等待中又得想辦法打發時間，這究竟是什麼邏輯？而且據我所知，臨演上工八小時的薪資是五百元，扣掉車錢、油錢，換算下來，時薪比去速食店或泡沫紅茶店打工還不如。

我問姪女，為什麼要把人生浪費在「打發時間」上？難道妳對自己的未來沒有想法嗎？為什麼不把這段時間拿來做更有意義的事？她告訴我，其實當臨演也沒什麼不好，除了可以看到演員本尊以外，說不定還有成為正式演員的機會。「劉德華也是從臨時演員發跡的，我覺得這是一個通往演藝圈的大跳板。」姪女振振有辭的反駁我。

但我很直白的告訴她，妳永遠也不會有成為天后的一天。別說劉德華，就說周星馳好了，他在當臨演時，心裡清楚了解當演員是他人生的唯一志向，所以過去即使他的臨演戲分只能在螢光幕上出現三秒鐘，他同樣要求自己把這個角色發揮到極致，還每天在家對著鏡子苦練各種表情，就等機會上門好大展長才。

於是我對她說：「無論劉德華還是周星馳，他們都把臨演這份工作視為未來的跳板在努力經營，就算徐若瑄也要苦練日文，才有今天的地位與成就。反觀妳在拍戲現場，只等著收工領便當，就憑妳這種玩票的態度也想在演藝界大放異彩，我勸妳還是回家睡覺，把身體養好比較實在。」

如果你**活到二十多歲，每天還在想著怎麼打發時間，這只代表你對未來沒有想法、沒有目標，可悲的不知道自己該幹什麼，以至於滿腦子只想著怎麼度過眼前的每一秒，把大把的時間拿來消磨與浪費**。

無所事事，老闆看到你也逃之夭夭

知名媒體人黎智英曾在他的著作中寫著，他最怕人家問他：「寂寞嗎？」他說，不是他不知道該如何回答這個問題，而是會問這種問題的人，通常都對自己的人生沒有目標。他每天過得忙碌有意義，一點都不想浪費時間與這種得過且過的人交往。

美國耶魯大學曾做過一個研究，他們向參加調查的學生問了一個問題：「你們對未來有設定目標嗎？」只有一〇%的學生有目標。研究人員接著又問：「那麼你們有把目標寫下來嗎？」結果只有四％的學生說有。

二十年後，研究人員再去追蹤這些學生，發現當年那四％把目標寫下來的人，他們無論在生活品質與社會地位都高出其他人許多，甚至這四％的人所擁有的財富，遠遠超過其他九六％的總和。

我告訴姪女後，她反問，那九六％的人這二十年來都在做什麼？我說，或許他們都跟妳一樣，渾渾噩噩的瞎忙二十年，最後的下場，就是努力在幫這四％的人賺錢，窮極一生，都在為別人的財富作嫁。

事實上，臨時演員看起來似乎比舉牌人還要「好」，不但有便當可吃、有錢可賺，還有明星可以看。但如果三十歲前的你，閒到只想用這種方式打發時間，抱著過一天算一天的想法，對未來沒有規畫，哪天明星凋零或去對岸發展了，到時候，當你連「拍戲」的機會都沒有時，還能去哪裡領便當？

06

別人看不慣我，那是他們的錯

有一次我去某家運動品牌店買鞋，恰好看到那間店的店長接起一通電話，神色頗為凝重，我猜電話那頭應該是打來客訴的顧客，因為通電話期間，店長不斷向對方表示歉意，並表示一定會加強店員的服務品質。

接著他把一位員工叫來，好聲好氣的跟他表示他被客訴的事，希望他對客人的態度可以再溫和一點。但沒想到那位員工連店長的話都還沒聽完，就翻了個大大的白眼，不在乎的說：「喔！我知道是哪個客人啦，她會打來客訴我不意外，反正她本來就是個瘋子。」看到他這個態度，讓我覺得這樣的員工會被客訴，我也不意外。

這是現在很多年輕人會有的問題：一切的錯都不在我，你們會批評我，純粹是你們愛在雞蛋裡挑骨頭，故意針對我，面對你不合理的要求跟指責，我根本不用為此感到悲傷，或是改變我原本的行為模式去遷就你。

看到這個店員，讓我想到另一次我去看電影時遇到的工讀生。我吃爆米花時習慣一半甜一半鹹，但我不想要上下盛裝，而是垂直的剖半分裝。不過我一直以來遇到的店員，不是跟我說沒有辦法，就是以一副「遇到奧客」的不屑眼神看著我；然而那次我遇到的工讀生，卻笑容滿面的說沒有問題，然後她先裝入一半的甜爆米花，再找一張乾淨的白紙垂直隔在紙盒中間，接著再裝上另一半的鹹爆米花。

我遇到的這兩名員工，當時都約莫二十歲左右，但我可以確定他們十年後的人生絕對會大不相同。

除非自己當老闆，否則得學會接受評價

在面對客戶、同事、主管無理的要求或批評，你是用什麼樣的態度面對，將決定你未來人生的高度。而**他們的批評有沒有道理不是重點，因為只有你才能決定這些負面評價，會帶給你怎樣的影響**。

我有位大學時期認識的朋友，從他日常生活的表現，我就知道他將來出了社會，

鐵定會碰上無數釘子。因為他從小到大都是人們眼中的「天才兒童」，因此他一直以來都相當有自信。但有自信過了頭，常會顯得我行我素。他很難承認自己的錯，即使錯誤已經顯而易見的擺在他眼前。

他開始工作後，最常向我抱怨的就是公司同事。他說，他同事不知道是嫉妒他的工作能力，怕他搶了他們的飯碗，還是故意找他碴，常對他寫的企畫提出無理的質疑。高傲的他當然抵死不認錯，最後一言不合，還鬧到老闆那裡去，老闆聽信他同事的片面之言，要他好好思索自己到底是哪裡出了問題。「我有什麼問題？那是他們見不得我好，才去向老闆告狀，老闆又沒腦的被他們影響，才會要我自行離職。」

一開始我也只能對他好言相勸，希望他可以試著聽聽看同事對他的建議，不要全盤否定。但每次在抱怨完畢後，他也只是露出一副「天妒英才」的無奈神情，然後繼續應徵下一份工作。

一連換了三、四家公司，同樣的問題卻持續上演，最後我告訴他，除非你有能力自己創業當老闆，否則你這固執的個性，即使到了五十歲，都還是只能過著這種顛沛流離的生活。

一個人看不慣你，那可能是個人的主觀意識，但**如果十個人都看不慣你，你就必**

須承認自己的行為可能出了很大的問題，然後你得聽進這些批評，接著改變自己，否則你只能一輩子抱著懷才不遇的心情，然後一輩子孤芳自賞。

沒有一家公司可以靠一個人獨立作業，如果你沒有決心可以讓自己在二十歲時就當上大老闆，那你就只能學著眼觀四面、耳聽八方，當一個善於改變自我的變色龍，隨著不同環境、不同對象，表現出不同的樣貌。否則，不管你的能力好壞，無視旁人眼光、眼中只有自己的壞習慣，將會成為阻礙你往前的最大障礙。

把別人的負面評價，轉化為成功指針

其實，**「有理走遍天下」這句話，在職場上並不適用**。因為面對主管，即使有理的是你，你還是沒辦法據理力爭；面對同事，如果你以「唯我獨尊」的態度行事，只會讓自己變成同事之間的眼中釘、肉中刺，讓他們恨不得除之而後快。

如此一來，更別說是當你初入社會、還是菜鳥時，你不但年紀輕、資歷也淺，唯一該做的事就是逆來順受。

記得我剛出社會時，面試進入一家規模不算小的公司。當時要寫企畫給課長審核，因為課長忙，所以叫我們部門的組長先看過，格式上大致無誤後再交給他過目。

然而那位組長，可能是想給還是新人的我一個下馬威，我寫的企畫怎麼寫怎麼不過，而他給我的建議多半都沒有什麼建設性，但我知道如果我可以熬過這段陣痛期，繼續留在這家公司，這份經驗將會奠定我未來成功的基礎。

所以只要組長說不過的企畫，我一定會追著他詢問該怎麼改進，然後隔天早上準時的改好放在他桌上。幾次下來，他終於再也無話可說，無奈的讓我的企畫通過。

現在回想起來，假如當時我將第一份企畫交給課長，也許會一次就通過。但我如果這麼做，我不但會得罪組長，也沒有辦法從一次又一次的修改過程中，學到這麼多的提案技巧。

別人給你的惡意眼神，你可以氣沖沖的反擊，或委屈的離開，但你也可以設法從中獲取讓你成長的養分。

「戲棚下站久了就是你的」，但當你眼中只有自己、看不見別人，只會怪老闆不長眼、批評同事不友善，而不會檢討自己最真實的優缺點，一輩子活在「犯錯的永遠不是我」的象牙塔中，就算你在戲棚下站到六十歲，還是只能憤世嫉俗的把悲慘的人生怪在別人身上，然後一輩子當個看戲的傻子。

07

世界應該不會對我那麼殘酷

有天中午我到員工餐廳用餐，正好看到電視正在播放ＩＴ業大裁員或無限期放無薪假的新聞，這時我聽到旁邊兩個用餐的年輕人，其中一個對這則新聞下了這樣的評論：「幸好我當初沒有去電子產業，否則現在就沒這麼幸運了。」

接著另一個年輕人說：「現在景氣這麼差，大環境不好，不管在哪個產業，其實都很危險吧！」

第一個年輕人又說：「別的公司可能要擔心，但我們公司現在是龍頭，而且每年業績都在成長，不用擔心啦！就算要裁員，憑你我現在是老闆身邊的紅人，還有對公司的貢獻與地位，這把火怎樣都不會燒到我們身上，不要想太多。」

聽了他說的話，我其實很想跟那年輕人說，不是你朋友想太多，而是你想太少。

連雷曼兄弟（Lehman Brothers）這種數一數二的大企業都會宣告破產，史帝夫・賈伯斯（Steve Jobs）這等鬼才都會被蘋果掃地出門，你又憑什麼如此信心十足？

命運就是這麼殘酷

何飛鵬在《自慢二：主管私房學》中提到，在賭場上想要贏，只要跟著賭了一天又輸了一屁股的衰鬼下注準沒錯。不同的是，他押莊家你就押閒家，他買大你就買小，總之只要你的賭注一切與他相反，包準荷包贏得飽飽回家。

這是因為「不信邪」的衰鬼，始終不信命運會對自己這麼殘酷，一心認為只要再賭一把，一定可以把輸了一天的賭金給贏回來。然而命運之神，偏偏就愛捉弄不信邪的衰鬼。

這樣的心態放在年輕人身上同樣適用，「不信邪」的年輕人認為，不管世界再怎麼殘酷，但對自己絕對仁慈，所以地震來時很阿Q的說，自己不會那麼倒楣遇到毀滅性大地震，非要等到屋梁壓在身上才知道後悔；看到別人丟了工作也不痛不癢，非要等到裁員的大浪打在自己身上時，才驚覺原來命運之神從來沒有站在他這邊。

不過我看過很多這種不肯面對現實，只會自我感覺良好、自欺欺人的年輕人，他們表現出來的行為，就是哪天真的被裁員了，也只會怪老闆沒人性，為了節省成本而喪盡天良的裁了他。就好像新聞裡常上演的，當警察通知父母到警局認領犯案的孩子時，父母親只會露出一副不敢置信的表情叫囂著：「我兒子這麼乖，怎麼可能為了吸毒做壞事，一定是你們抓錯人了。」這種自欺欺人的話。

其實我相信很多時候，你知道世界是殘酷的。可悲的是，你因為只想安於眼前的現狀，所以假裝無視它的存在。

沒有危機意識，就等著被狼吃掉

「懼者生存」，這是微軟總裁比爾・蓋茲（Bill Gates）最常告誡員工的一句話，這句話的意思很明白：想要生存，你時時都得保有危機意識。而比爾・蓋茲的這句話，也被我一個當老闆的朋友，確實運用在公司的經營管理上。

他說，儘管現在他們是產業龍頭，但他每年仍要部屬設定一個「假想敵」，假想今年這個對手將一舉超前他們，所以今年必須擬定與執行對應策略，才不會讓對手超前，繼續保持領先。「我希望同仁不要滿足於做個領頭羊就好，而是要隨時為了公司的存亡保持危機意識。」朋友對我說。

老闆都知道，**沒有危機意識，明天就等著被市場淘汰；同樣的，沒有危機意識的員工，明天就等著被老闆裁掉**。

年輕人往往以為只要順利進大公司，人生從此就可以高枕無憂，卻不知道大公司每年的淘汰率高達一〇%至一五%。如果你正慶幸自己公司的業績每年蒸蒸日上，或滿足於每個月都有固定收入，那麼越是舒適的環境，越會讓你喪失危機感，因而忽略環境的變化，直到哪天不幸栽跟頭，才埋怨老天的殘酷。

美國一處國家公園，保護著一群瀕臨絕種的鹿，該處不但水草豐美，而且沒有任何天敵。於是這群鹿過著無憂無慮的生活，不但快速繁殖，而且每隻都養得肥肥胖胖。但問題來了，科學家發現這群鹿開始出現一些奇怪的毛病，而且藥石無用，不管怎麼治療都無效。

結果有個科學家突發奇想，他在鹿群中放了一群狼。

一開始，沒看過狼的鹿群還不知道危險逼近，傻傻的與狼群大眼瞪小眼，直到看到同伴死在狼群的利牙下，才知道狼是來吃自己的，必須逃命。就這樣，狼群與鹿群每天在草原上你追我跑，跑太慢的鹿就只能命喪狼爪。幾個月過後，當科學家再次檢查鹿群的健康狀態時，發現過去治不好的毛病全部不藥而癒，短短幾個月，每隻鹿既健康又強壯。

鹿群的故事放到你身上就是，唯有時時存在危機意識，你才會不滿足於現況，才會知道要把自己放在哪個位置，並不斷提醒自己，如果現在不充實自己，以後就等著被比自己更優秀的人淘汰。

最重要的是，千萬不要等到一敗塗地、沒有立足之地時，才知道原來世界上有「危機」這回事，因為此時的你，早就已經失去競爭優勢。

一旦錯過二十幾歲的黃金奮鬥期，在邁入三十歲後，你不但沒有初生之犢的幹勁，還會被家庭與孩子綁手綁腳，很多事情瞻前顧後，不敢放手去做。如果你非得要等到被狼咬住脖子的那天才醒悟，到那時候，也只有「大勢已去」這四個字能形容你的下場了。

2

三十歲時，
你必須看見的殘酷事實

08

人們都是以貌取人的生物

我有一位朋友的體重從原本破百到現在瘦了二十多公斤，我問他為什麼會改變這麼多，他才說是因為求職困難的緣故。

雖然每次投履歷都沒有回音，面試結果也都不理想，他也從來沒有想過，體重會是讓他遲遲找不到工作的原因。直到有一天，他到一家公司應徵業務，才跟面試官對上眼，馬上就注意到對方嘴角露出的冷笑，還有眼裡的不屑。

果然，主管一坐下就用嘲諷的口氣說，你這麼「重量級」的體型，要是嘴裡咬顆鳳梨，我一定會以為中元普渡要到了。他當下腦筋一片空白，後來對方在面談中，總是有意無意的提到他的身材，還說客戶看到你這麼胖就想移開目光，怎麼可能會跟你簽約。

離開那家公司後，他完全不記得面試內容，唯一有印象的就是自己不斷被嘲笑。因此，他暗自發誓要瘦下來、找到一份更好的工作，不再讓別人有羞辱他的機會。

現實就是這麼殘酷，「以貌取人」始終是不滅的社會定律。

外在不及格，就別想找到工作

《就業服務法》明訂雇主不能用外表為理由歧視員工，說穿了，這只是做不到的口號罷了，**不要真的相信職場上會因為這個法條就人人平等，「外貌協會」才是你必須面對的事實**。

我曾經跟一位人資長聊天，他提到他們公司決定要不要錄取求職者，第一個判斷基準就是體重。因為體型過度肥胖，代表當事人無法克制自己的欲望，總是會一再為自己找藉口，這種性格的人意志不堅定又沒辦法自律，在工作上的效率和表現通常不會太好。

我問他這樣做是否有歧視的疑慮，他只說：「寧可錯殺一千，也沒有任何一家公司願意承擔整體形象被破壞，以及營運不順利的風險。」

我也觀察到很多人會穿短褲、涼鞋去面試，還沒被錄取，就好像把公司當成自己的家一樣。如果是在家當 SOHO 族，穿睡衣、睡褲也沒關係；假如場景換成面試的會議室，這種隨便的穿著只會讓主管覺得你根本不尊重這份工作，當你起身離開的下一秒，履歷表就會直接被丟進垃圾桶。

這些年輕人認為穿正式服裝是過時的觀念，只注重外表太膚淺，現在講求做自己，而且只要有能力哪怕找不到工作；但主管不是看著你長大的父母，或是身邊的死黨，他們不可能知道你究竟多聰明、擁有多少豐富的經驗，他們必須憑藉著一份履歷表和面談決定你的去留，**你要是連打理門面這種膚淺的事都做不到，主管也不相信你會有深度到哪去**。

可憐的是，這些人依然沒發現自己跟現況脫節，只能一邊活在自己的世界裡，一邊埋怨房租要繳、工作難找，到了三十歲，還是跟以前一樣完全沒有長進。

事事不順利，都是「樣子」惹的禍

根據市場調查，有將近三成的上班族因為外表遭受到不平等待遇，其中有一半的人選擇轉跳到別的部門或乾脆離職。這種結果也顯示，外在條件足以影響你在職場上的發展，究竟是一切順利或是屢屢受挫。

我朋友的女兒也在職場上受到不平等待遇，她留著一頭俐落短髮，穿著比較偏中性，通常都是牛仔褲配帆布鞋；和她同期的同事長相甜美，每天都是裙子加上娃娃鞋。只要出公差或幫忙搬東西，主管一定都叫我朋友的女兒協助，就算搬得滿頭大汗也不會有人理睬；反觀另一位同事，從來不用做粗重的工作，主管外出拜訪客戶，也都帶她去坐在一旁寫會議紀錄，每天輕鬆愉快的準時上下班，朋友的女兒就算氣到不行也無可奈何。

這種案例真的多到數都數不清，只是很多人還是學不乖，總認為不是自己的問題，是主管勢利眼、太偏心，這種公司將來一定沒前途，於是一年換過二十四個老闆後，還是只能窩在家當啃老族。

電影《穿著PRADA的惡魔》（*The Devil Wears Prada*）中，女主角剛開始去上班時，土氣的妝扮根本讓同事懶得多瞧幾眼，經過改造外在條件後，才引起大家的注意，並讓其他人了解她的工作能力。

外在不光是指天生的長相，像穿著、氣質、談吐，這些後天可以改變的條件也包

含在內。

我認識一位年紀三十出頭的行銷專員，她主導了不少大型案件，也拿出很好的成果，卻始終與管理職無緣。她想不透為何自己績效這麼好，卻還是只能當資深專員，於是忍不住向主管詢問。

一問之下才知道，原來是自己的「形象問題」。她總是在辦公室跟同事大聲嬉笑，向客戶提案時身上穿的是休閒服，頭上還有幾撮挑染的金黃色頭髮。上頭認為她沒有「主管的樣子」，於是這種潛在的「玻璃天花板效應」（Glass Ceiling Effect），擋住了她的升官之路。

很多人在二十歲的時候用二十歲的方式生活，到了三十歲還是不改行事作風，以為這樣也可以安心過日子。我問他們為什麼不嘗試改變自己的外在樣貌，他們竟然瀟灑的認為沒有必要，相信總有一天，會遇見重視內在大於外表的好主管。

乍聽之下似乎很有道裡，實際上只是為了讓自己逃避現實的好聽話。我相信世界上一定有這種好主管，但在可遇不可求的情況下，你就只能漫無目的窩在家裡，到了四、五十歲後，才發現自己竟成了一無是處的窩囊廢。

玻璃天花板效應

玻璃天花板效應是一九八六年在《華爾街日報》（*The Wall Street Journal*）被提出的概念，用來描述企業組織裡會設置一些人為或無形的障礙，來阻止員工向上晉升，**其中又以女性員工居多**。

很多時候，並不是這些女性沒有能力勝任高階職務或不想擔任，而是當她們隨著生涯規畫，一步步往上爬到快要接近頂端時，就會感覺到有障礙阻擋在前。因此，她們往往到了某一個階段就不能再向上發展，只能停留在原地或另謀出路。

09

履歷寫得再漂亮，也沒人會相信

我有一位經營廣告公司的朋友，之前和我說了以下的案例，我聽了心有戚戚焉：公司來了一位三十多歲的中階主管，有五年以上的工作經歷，薪資和職位都相當高。但是他才來一個多月，整個部門就都被他搞得烏煙瘴氣、士氣低迷，原來這個人不僅沒有做事能力，還會不斷打壓部屬來彰顯自己的「才幹」，毫無領導能力可言。

但由於他能說善道，加上有份無可挑剔的完美履歷，所以朋友一開始也認為他是個人才，放心把部門交給他管理。然而過沒多久，朋友發覺他企畫案提得亂七八糟，根本無心工作，於是找他來談話。怎知他開始原形畢露，擺出「你能奈我何」的姿態，表示已經開始找工作並等著領資遣費了，就算被開除他也穩賺不賠。

這是個讓人咋舌的案例，徹底推翻朋友對履歷和年資的信任。

我原本就不相信有「完美履歷」這回事，而且基本上，履歷表上寫的與求職者的真實能力常常是兩回事，這些都要到面試時才會顯露；甚至往往要到求職者來上班後，問題才會一一浮現出來。

履歷表無法保證你能久活

履歷表存在的意義，就是要向他人推銷自己。所以履歷表的好壞，將決定你是否全盤皆輸。

在這資訊流通的時代，人人都可以照著範本寫出漂亮的履歷。不僅坊間充斥面試教戰的書籍，求職網站更具備了「履歷產生器」的功能，會針對求職者提供制式欄位，甚至有些還會提供自傳的範本。然而不要忘了，面試你的人也會上求職網站，說不定他已經看了幾十遍這種範本自傳，哪會看不出你這份自傳是不是抄出來的？

坊間不少關於「識人術」的工具書，也是針對這些虛假履歷應運而生。你可能會說：「履歷就是廣告，如果不灌個水，怎麼會有人想用我？」

是啊，履歷也是種廣告，廣告哪有不誇大其詞的？然而這就是我想說的：**履歷能**

決定你是否第一關就被淘汰出局，但無法保證你在這個就業環境裡久活。

理論上，履歷表應該要能讓求才公司看出你的能力和專長，但應徵者的能力常與履歷有所落差，因此求才的老闆也多半知道，單憑履歷很難鑑別應徵者的實力。而無論掩飾得多好，灌水的履歷中仍會透露出些許線索，面試時只要稍加查證，假象多半會無所遁形。

從履歷表的撰寫上就可以判斷應徵者的性格，以及當中是否有誇大不實之處，例如把集體創作說成自己個人的作品；又或者應徵的是不需要接觸外文的職位，卻在履歷上寫「英文專精」，以凸顯自己的多才多藝。

我有一位擔任中階主管的朋友，就遇過這樣的應徵者。面試時他請這位應徵者用英文做自我介紹，應徵者支支吾吾的表示太久沒練習英文，結果當然是被刷掉了。

某知名女裝的負責人曾分享自己在對岸徵才的經歷，談到對岸的女生都「很敢講」，明明只有三個月的工作經驗也可以說成三年，講得似乎已把洋裁學得精熟，只差還沒出師；然而實際任用這名女孩，卻發現她連基礎的版型都畫不好，對這份工作絲毫派不上用場。由於該公司被浮報的履歷嚇到了，體認到口說無憑，於是把單純的口試改成現場打版和上機考試，果然過濾掉不少濫竽充數的應徵者。

其實老闆最想看的，還是求職者的態度，與其選擇一個可能用假履歷自欺欺人的人，還不如錄取一個肯說實話、虛心學習的員工。老闆們也清楚，十項全能要發生在一個人身上的機率有多低，而這個人正好來應徵工作的機會又更低。

基本上，履歷中的疑點，那些溢美的詞句和矛盾之處，勢必會在面試時被查證。若查驗的結果顯示包裝與內容物不符，應徵者的問題可就大了。

就算你僥倖蒙過面試這關，後面還有漫長的職業生涯等著你。面對未來真刀實槍的考驗，你準備好如何面對了嗎？

履歷就像水果日報，只有日期是真的

「現在這個時代，打開履歷就像看水果日報，只有日期是真的。」經過這次「信任打擊」，朋友感慨的說。我很同意這個看法，一般來說，履歷上薪資待遇逐年累進的人，應該代表有不錯的專業能力；然而當中也有例外，就好比我朋友遇到的這個例子，這通常發生在主管職級的人身上，這種人會**不斷的換公司，每家公司待的時間都不長，並藉著跳槽讓自己的薪資與職位越調越高。**

這樣的人通常有「很會說場面話」的特徵，對上級的配合度也高，困難的事完全丟給部屬處理，所以不容易發現問題所在。然而時間一久，所有的缺陷都會暴露在上級和同事的眼前，包括他能力不足的事。

可是這樣的人往往不會有自知之明，找份自己能夠勝任的工作；反而會以目前的工作為跳板，應徵更大的公司、謀求更高的職位。這樣的資歷表面上無可挑剔，容易讓他變本加厲、越騙越大。**工作換越多次，履歷反而越漂亮**，使他在面試時無往不利。

我的朋友就是上了這個當，讓這樣的人進了他的公司，因而十分懊惱。看來想杜絕這樣的應徵者，只能打電話問他原先所屬的公司一問究竟了。所以說履歷就像水果日報，虛假炒作的成分遠多過真實的部分。

然而我很好奇：像他這樣的把戲，究竟能玩到幾歲？

如果沒有把握能持續到退休的那一天，我想建議他還是見好就收，找份適合自己的工作穩定下來。免得哪天離職後再也找不到工作，到時就算想到大街上當舉牌員，可能還被嫌體力不夠。

這世界很小，產業的圈子更小，完美履歷並非永遠的免死金牌，也許有一天它就失效了，再也不會有公司錄用你。屆時你的退路在哪，你想過了嗎？

10 你是一顆蘋果，不停的被試吃

我有個朋友在出版社工作，先前，他們公司被一位新來不到三個月的主編搞得雞犬不寧。他不但在剛上任沒多久後就被踢爆履歷造假，離職後還留下許多爛攤子給其他同事。

那位號稱十項全能的主編，在應徵的履歷上寫得天花亂墜，表示自己在知名出版社有過相關經歷，提企畫以及領導能力實屬一流，是前公司器重的人才。而在錄取後，他甚至還趾高氣揚的向部屬表示：「想在這裡工作，就得按我的規矩行事，否則你們就等著回家吃自己！」

在這樣傲慢無禮的「下馬威」之下，當然引起其他同事間的不滿。恰巧有一位同事的朋友，在那位主編所謂的「知名出版社」工作。一問之下，才發現事情並不單純：

這位新同事不但沒有他自吹自擂的那些才能，而且在前一家公司甚至還惡名遠播，企畫案提過不了就算了，竟然還會調戲公司女同事。而時間一久，全公司上上下下也都發現，新同事其實只是個愛吹牛的草包。這段故事聽下來，最令我感到意外的是，三十多歲的他，竟然天真的以為編造的謊言可以替他保住一份工作。

首先，年輕的你們該知道的是，各行各業間幾乎是沒有祕密的，尤其當你找的是相同性質的行業，電話隨便一打，不論是你從前的豐功偉業還是惡劣的名聲，馬上都會原形畢露。

再來，即使老闆相信你，沒有找人調查你，你可以暫時把自己包裝得光鮮亮麗，吸引老闆的目光。但沒有真材實料的你，時間一久，就會被發現其實在漂亮的外皮下，是一個坑坑巴巴、被試吃過無數次，只剩下一個核的爛蘋果。

在你二十多歲時，每一次的面試、錄取、正式上班，都代表著你像顆蘋果一樣不斷的在被試吃，如果你不能牢牢把握住每一次被咬一口的試煉，到了最後，光長年紀不長腦袋，你就會像是被咬得所剩無幾的蘋果，只剩下一個毫無利用價值的爛核，然後被毫不留情的丟到廚餘桶裡。

年輕人可「多嘗試」，但時間請盡量短

我曾經問我一位剛畢業的姪子關於將來的規畫，他有點不好意思的說：「**其實我現在還不太確定，好像什麼都不排斥，但也不知道最喜歡的是什麼，所以打算多嘗試之後再做決定。**」

我先對他這樣勇於嘗試的行為大表讚賞，因為至少他沒有為了果腹，就隨便找份自己絲毫不感興趣的工作。但是我馬上就跟他說，**這樣的嘗試必須濃縮在最短的時間之內，而且越早結束，對你以後的發展越有利**。

因為近期在面試公司新進人員時，我發現現在的年輕人有個嚴重的通病，就是即使是只做過四、五個月的工作，你們也會覺得不寫上履歷好像很可惜，而且你們還天真的以為，履歷上的經歷越豐富，在面試時越會得到老闆的青睞。

但你們不知道的是，每一個短期的工作經歷，對老闆來說，非但不會讓他們認為你是個經驗豐富又勇於嘗試的人，反而只會引起老闆的好奇，懷疑你每一段工作在短時間內離職的原因。所以這樣的履歷，不但對整體形象不會加到分，反而還會**顯露出你的定性不佳、能力不足，或是跟同事間相處不睦等缺點**，根本是在自暴其短。

這種東拼西湊而成的履歷，就像是被許多家公司咬了一口來試吃的蘋果，當你剩下的殘骸越少，當老闆的越會覺得用了你，等於在撿別人不要的垃圾。而這種感覺，在年過三十的求職者身上會更加明顯。

因為二十多歲的年輕人，可以得到較大的寬容，老闆願意給他機會探索自己真正的興趣所在，畢竟很多工作，都是要真正做過才知道適不適合自己。但是如果你到了三十歲，寫履歷時還是只能搬出一些支離破碎的工作經歷來濫竽充數，這只是一再的證明你是一個不清楚自己的目標在哪裡，成天虛度光陰的人。

不是你在嘗試，而是被嘗試

開公司不是做慈善事業，而**願意給剛步入社會的年輕人機會，是作為老闆的最大極限**。這是很殘酷的事實，**三十歲的你，已經不再具有嘗試的資格了**，而在職場上飄飄蕩蕩的你，沒有一個老闆會大發慈悲的賜給你一塊浮木。

其實，像我姪子那樣，等到畢業後真正出來找工作時，才懂得多方嘗試也已經太晚了。認清自己的興趣要趁早，最好是在念書時就立定志向，免得你讓自己變成之前紅遍大街小巷的「雞排博士」。

我最怕看到大學生、研究生、甚至是博士生，漫無目的的讀書，念到老大不小了，還不知道將來要做什麼。你以為是你在試吃每個工作適不適合你，其實被試吃到屍骨無存的，反而是渾渾噩噩的你。

也許在你二十歲的時候，仗著自己年輕力壯、有拚勁的本錢，可以博取某些主管的同情或好感；但要是你不好好把握這些因為年輕才得以占有的優勢、好好決定自己一生的志向，然後不斷的累積實力，等到三十過後你就會發現，你從一顆完整、香甜的蘋果，在不斷被啃咬的過程中，逐漸變成一個只剩下爛核的蘋果。除了廚餘桶之外，這世上再也沒有你的容身之地。

11 沒有升遷機會，就沒有人會理你

我有一個朋友，三十歲時正式成為國內知名廣告公司的策略副總監，他曾經跟我說，當年總公司的老闆原本想直接拔擢他擔任臺灣區總監，但是他婉拒了。

我問他為什麼放棄這麼好的機會？他笑著告訴我：「我現在才三十歲，如果我已經升到最高點，那我之後還要幹麼？」

「高處不勝寒」的道理很多人都懂，只不過人在江湖的時候，往往只求踩著別人往上爬，而完全不考慮其他事。

我這朋友聰明的地方在於，他既保有升遷機會，但又懂得往後退一步，不那麼快的竄升高位，如此既不招人眼紅，還能與底下其他人拉近關係。事後證明，他手下團隊的業績表現的確更出色。

想升遷，就要讓人看見你的存在

像我朋友這樣，有升遷機會卻婉拒的人並不多，更多的是一心想升遷，卻苦於等待機會的人。

有一年，當我公布某部門的主管人選後，有個比他更資深的員工來敲我辦公室的門，很誠心的請教我，為何主管不是他。

我說，因為這個主管，非常努力展現他的積極來爭取專案，所以我非常清楚他對公司的貢獻度；但是眼前的你，到底做過什麼事，我也不是很了解，自然在遴選主管人選時不會想到你，「當老闆連你的名字都叫不出來時，又怎麼可能把主管位置交給你？」我對他說。

就像曾擔任過多家電子科技大廠總經理的何薇玲，早年畢業後在美國擔任軟體工程師。她對自己的工作兢兢業業，但晉升主管的名單裡始終沒有她。有天她終於去問老闆，是不是她哪裡做得不好，而她的老闆只告訴她：「工程師是沒有聲音的工作，我看不到妳的表現。」

從那天起，何薇玲決定要讓自己的努力被人看見，她決定從沒有聲音的工程師轉去做業務，用業績與實力來說話。十幾年的累積下來，全世界都看到她的真本事。

香港知名的電影美術指導葉錦添，他年輕時曾窮到睡在父母家的沙發上，直到後來跟著雲門舞集到歐洲巡迴表演後，才慢慢建立起自己在美術這個領域的專業。他也因為這樣的經歷，後來才有機會和許多外國人合作，再經由一次次影視作品的淬鍊，奠定在電影圈的地位。

從現實的角度來說，如果他沒有追求在國際舞臺一躍而上的能見度，沒有讓人看見他，長久下來，他最多只是個平凡的美術設計，淹沒在茫茫的人群之中，做著三餐能溫飽的餬口工作，更別說享受現在功成名就後，人人都想捧著金錢上門想要與他合作的光環了。

三十歲前沒定位，三十歲後就沒有升遷機會

我的學弟二十八歲時，曾經因為陷入職業生涯中的難題，很焦慮的來詢問我的意見，這應該也是職場上大部分年輕人的心聲。

他從退伍後，就在科技公司認真工作了五年，從最基層的技術人員開始做起，每

個月的固定薪水大概三萬多元。而他現在任職的公司，中高階主管大都已經卡好位置了，至少三、四年內可以說是升遷無望，他忍不住興起跳槽或轉換跑道的想法。

他跟我說：「現在每個月要繳各種貸款，說實話還是有經濟壓力，只是如果一直都沒有機會升職，那我可能一輩子都只能當個最底層的員工。」學弟未雨綢繆的顧慮並沒有錯。基本上，**一個人從三十歲開始，在職場中便開始進入所謂的「升遷黃金期」，你已經向公司證明你的穩定性，也有足夠的能力去承擔更重要的責任**。

大部分的年輕人在畢業後都會經歷一段「職場體驗期」，不過在這段時間，很容易覺得眼前的工作枯燥乏味，也看不清自己未來的出路和方向，所以三不五時就興起跳槽的念頭來解決問題。

接下來會開始步入「職場探索期」，有些缺乏目標的人，會在這段時期重新找到自己的定位，也逐漸摸索出一個未來生涯的發展道路。順利的話，就將迎來職場黃金期，在清楚的職涯目標下，你的發展會快速成長，帶著充沛的能量直線往上。

而這個在職場中「步步高升」的階段，通常會從你三十歲左右開始起飛。當然，以上這個發展是「理想狀態」，畢竟我目前遇過最多的狀況卻是，**很多人到了三十歲，還停留在懵懂無知的「職場體驗期」**。

現在這個世代，你的履歷表上填的是大學畢業或碩士已經不再那麼重要，在三十歲以下，這兩者的薪水已經沒有太大差別。

但有差別的是，很多二十幾歲的年輕人會認為，反正我對工作沒有太大的野心，既不想當 CEO，也沒有做一番大事業的理想，升遷這些事情距離自己很遙遠，不需要花費心思去搞懂它。然而，如果你不懂得在這段時間創造更多附加價值，就只能眼睜睜看著別人往上爬，幾年後再淪為他人升遷的墊腳石。

找不到人生定位、成天想換工作，卻又埋怨沒有升遷機會、升官加薪無望，是大多數年輕人的寫照。要知道，幾年過去後，你的年輕本錢會消耗殆盡，當你身邊的友人一個個爬上高位飛黃騰達時，誰還肯看你這個每天渾渾噩噩的朋友一眼，浪費自己的時間與你交往？

12 三十歲了，沒有人會原諒你的錯

記得我以前有一位部屬，某次和我一起向客戶報告企畫時，忘記帶最重要的隨身碟。當我看見她那不知所措的神情，便連忙代替她向客戶賠不是，說道：「抱歉抱歉，這是我們今天來報到的妹妹，因為太緊張了才會出錯……。」而客戶也說到：「沒關係，年輕人嘛，社會經驗不足，出錯在所難免，下次別再忘記就好。」

結局看來不壞，但如果我們將這位主角的年紀提高到三十歲，我想，主管跟客戶的態度可就不會這麼友善了。

如果今天忘記帶隨身碟的主角是一位三十歲的員工，我想，我們面對的客戶，有八成機率會認為我們沒有在這項專案上用心，認為我們沒有誠意，然後負氣離去；而身為主管的我，也會要她負起賠償公司損失的責任。

你看出這其中的差異了嗎？二十幾歲的你，會有前輩對你諄諄教誨，帶領你進入狀況，捅了婁子有主管頂著，大多數的人也會原諒還是社會新鮮人的你；但是三十歲的你，沒有人會像母雞帶小雞一樣帶著你走，也沒有人會跟在你後面替你收拾爛攤子，更沒有人會善良的原諒你犯下的每一個錯。

因為**如果一個小錯，你從二十歲被糾正到三十歲，都還不能學會教訓，代表你是一個處事消極，又不懂得檢討的人**。

雖然成功的確是經由失敗累積，但這可不代表你犯的錯越多，就越容易成功。因為想要成功，你除了要從失敗中學會避免再次失敗的方法之外，還要從中找到成功的訣竅。

三十歲的你，沒有本錢再犯錯

很多人不了解的是——當你犯了錯，老闆或主管給你機會，**是要你記得教訓，而不是不在意你所犯的錯**。但現在很多人往往抱著僥倖的心態，非但不會檢討自己所犯的錯，還因為逃過一劫而沾沾自喜。

然而這樣得過且過的心態，讓年齡漸長的你，在社會上再也無立足之地。

我有個朋友在保險公司當業務主管，他就曾經向我抱怨，他遇到一個部屬，履歷上的年齡寫著三十歲，有過業務相關經驗，但這樣看似絕對不會出紕漏的新同事，卻把他整個部門搞得雞飛狗跳。

從她的年齡跟經歷來看，我朋友原本想說進公司兩、三天後，應該就可以上手。但沒想到第一筆業績還沒做成，她就先得罪了一票公司重要客戶。

講話心直口快的她，根本沒有業務該有的柔軟身段，客戶詢問有關保險的問題，她會用一副匪夷所思的臉，訕笑客戶怎麼會問這麼蠢的問題；而客戶若提出稍微艱澀的問題，她卻會被客戶問到啞口無言。

後來我朋友才輾轉得知，原來她口中的「相關經驗」，居然只是在她家開的汽車公司當過員工而已。而會向她買車的客戶，多半是看在她父親的面子上，否則，以她如此白目的個性，恐怕在這十年來，連一輛車都賣不出去。

她看似順遂的十年職業生涯，卻同時也讓她整整虛度了十多年的光陰，導致現在在她三十歲的頭殼裡，裝的內容物卻和二十歲時沒有兩樣。

如果三十歲的你素質如此差勁，即使你擁有十年相關經歷，你在老闆眼裡的價值還是零。

老闆是這樣想的，你**之所以會在三十歲還不斷犯錯，就是因為在二十來歲時沒有積極學習的態度**。而如果你年輕時的態度如此，那就更別提三十歲的你了，因為已經在社會打滾十年，有老鳥風範的你，怎麼可能還會有菜鳥虛心學習的態度跟拚勁？

而這樣沒有未來價值的你，又要拿什麼來跟二十出頭的社會新鮮人比？

三十歲，該換你當主角了

在你剛進一家公司時，你可以觀察你的主管大概是幾歲，然後作為你三十歲時的目標。

因為如果你在同一個領域，甚至是同一家公司累積了十年的功力，想要加官進爵，應該不是什麼難事。但問題在於，你是否真的累積了足夠的能力？

之前我朋友興高采烈的說要請我吃飯，因為老闆升他官了，升為企畫部的組長，他手下還管了五、六個部屬。但是好景不常，半年不到，他跟我說，老闆認為他不適任現職，把他調回原本的位置了。

其實我一點都不意外，因為學生時期的他，常常就是靠著小聰明獲得分數上的高分或得到老師的喜愛，但其實真正的組織能力跟領導能力卻是慘不忍睹。只是沒想到出社會十多年了，他依然沒有改掉這個壞習慣。

三十歲，該是必須完全脫離他人庇護，自己完全獨立自主的年紀，而當你爬到更高的位置，你也要知道，在你的背後已經沒有別人會幫你撐腰，你所犯的錯，必須由自己承擔。

如果你沒有在二十幾歲迅速累積實力，當機會送到你眼前，你只要稍微出了點差錯，就等於親手把這個機會送回老闆手上。

靠著小聰明跟年紀小的優勢，也許可以讓你在二十幾歲時無往不利，但是沒有人會給三十歲的你這麼多的犯錯額度。

因為三十歲的你，應該是經歷了十年的磨練後，變得更有能力，也更有擔當；但是如果這十年的時光，沒有讓你腦袋中的質量變得稍微重一點，那你這些虛度的光陰，絕對會讓三十歲以後的你在職場上吃大虧。

13 工作經驗越多，起薪就越低

一位四十五歲的中年人和一名二十五歲的小夥子，同時應徵路口的豪宅舉牌員。

建商對他們說，舉牌一天的薪資是七百元。中年人聽完大喊不公，認為自己有三年以上的舉牌經驗，不該和小夥子領一樣的錢，建商應該替自己調漲薪資：「至少要有八百元吧！」

建商不以為然的指了指兩人身後，一個蓬頭垢面、看不出年紀的流浪漢說：「論經歷，你們誰也不會比他久；至於他的薪資，也是七百元沒變過！」

另外，有一篇在網路廣泛流傳的文章提到，一名想加薪的員工對老闆說「我有二十五年的經驗」，而老闆回應他：「**你沒有二十五年的經驗，你只是同一個經驗用了二十五年。**」

正在閱讀本書的各位，其實都該自問：自己是否也像這名員工，**做著沒有累積性的工作，卻期望老闆替你加薪？**

是否做得越久，就該領得越多？

隨著時代改變，企業已經不再是終生雇用制的思維了，就算你在同一家公司中穩待上二十五年，待遇也未必有所變化。不可否認，現在的企業越來越傾向於依照能力與貢獻度調整職級和薪資，「年資」取勝的做法逐漸成為過去式，做得久也未必能領得多，一切以實力見真章。

究竟從倚老賣老到論功行賞，中間有何區別？

如果你做的始終是短期、派遣等不具累積性的工作，那麼對於老闆來說，你的替代價值就和門口的管理員差不多。

或許這麼講比較清楚：如果你到一把年紀還在做零技術需求的工作，就難怪你的薪水沒有起色。下一份工作的面試考官甚至會懷疑，為何你工作多年，到現在還在當基層人員？

管理學中有一個著名的「彼得原理」（Peter Principle），當中提到：一個在目前工作上有出色表現的人，理應能繼續向上提升到更高的職位；而如果一個人在同一職位上停滯不前，就表示這個人可能連目前的職務都無法勝任。依照這個論點，長期停留在基層的你，處境實在令人擔憂。

其實，老闆寧可你的工作經驗沒那麼多。

根據研究，許多人在轉職時還**背著前一份工作的「包袱」，這會抵銷掉經驗帶來的優勢**。專家認為，人們在轉換到另一個環境時，其實很難拋掉原先習得的規範和價值。所謂「職業包袱」指的是固化的做事方式和態度，而且工作經驗越多，你所背的包袱就越沉重。

對於不少雇主來說，這是一個相當尷尬的問題。如果是不大需要經驗也能完成的工作，那何不乾脆雇用一個沒有經驗的新人，再透過訓練將他們收為己用？

而一個經常換工作的人，求職的心態也容易讓人產生懷疑，站在雇主的角度，很難不去認為：這份工作對你來說，是否只是跳板而已？

如果你被預期這份工作不會做很久，那麼在策略考量上，主管當然不敢把重要的任務交付給你。

你的履歷，是否像「現代警世錄」？

有一種像是「警世錄」的履歷，會讓老闆看得心中警鈴大響、老一輩頻頻搖頭。如果你的經歷在雇主眼中屬於這一種，你的問題可就大了。

在一次聚會上，我聽見一位母親數落她出社會不久的孩子：「不要以為你工作經驗很多，你每個工作都只做幾個月而已，能有什麼經驗？而且，那些工作之間毫不相干，這樣一點用也沒有……。」

這名男孩出社會兩年多，已經換了五、六個工作，平均不到半年就換一次。先前男孩又辭掉了工作，也不見有任何面試邀約，只是每天賦閒在家，似乎對找工作這件事心灰意冷。他的母親要我幫忙勸勸他，於是我試著了解男孩對求職環境不滿的原因。

「大部分的職缺都是薪水太低、工時太長，而且我有兩年經驗，為什麼要屈就兩萬多元的待遇？」男孩不滿的說。

我請他將我當成面試考官，在我面前介紹自己。當我靜靜聽完他介紹自己的履歷，我告訴他，以他目前的條件——很遺憾，的確只值兩萬多元的薪水。

「你也許很不服氣，但這就是現實。」接著我將他的問題一一點出，過於頻繁的更換工作以及彼此間毫無相關的工作內容，是男孩履歷中的致命傷。「你的履歷應該去蕪存菁，刪去不重要的部分，盡量把每份工作的時間拉長，展現你產生的價值與影響力，而不是些不相干的瑣事。」

我還告訴他，履歷反應的是求職者的市場價值，如果某段經歷完全講不出什麼實質的內容，那還不如不提。

如果被人看出不斷的跳槽和轉換工作，對年輕人來說未必是好事，畢竟**每種工作都需要花心力適應，每次跳槽都勢必造成耗損；而且工作期間過短，容易被貼上「定性不足」、「適應力不佳」的標籤**。

此外，履歷中出現空檔，對求職的殺傷力也不小。如果經歷並不連貫，勢必會被懷疑是遭到資遣或開除。再者，若原工作只做了幾個月，很有可能被懷疑不適任或另有隱情，因此建議過短的資歷不要寫進去。

整體來說，中斷型的工作經歷帶來的未必是加分，有時反而使你被貼上「低忠誠度」的標籤，所以若是你的經歷不連貫，最好能針對不同工作間的空窗期提出讓人滿意的解釋。如果不想變成經驗越多卻起薪越低的情況，最根本的方法，還是確立志向及戒除頻繁變換工作的習性，和年少輕狂的自己徹底道別。

彼得原理

彼得原理是一九六九年，由勞倫斯・彼得（Laurence J. Peter）在其著作《彼得原理》中提出。該原理的主論點是，人們會因為本身能力的限制，晉升到自己無法勝任的位置而停住，以致工作崗位上永遠只留下不稱職的人。

舉例來說，根據多數企業的制度，業績好的職員會因為傑出的辦事能力被提升到二、三線的主管位置，遠離原本的職務；而業績不好的職員反而因為升遷困難，仍會繼續留在第一線工作。

最後，**留在第一線的只有新手和表現不好的人**，這是制度造成的結果。同理，照著這個現象繼續發展，做得好的中級主管會被拔擢為高階主管；而沒有繼續往上升官的，則是做不好主管職務的人。

如此看來，在一個組織中，每個職位上都是到達臨界點的「不適任者」。

14 要好的同事，另一個身分是你的對手

我想，防人之心不可無這句話，只有從中吃過虧的人，才能夠體會個中滋味。

有次我和幾個當老闆的朋友聚會，大家提到員工的高流動率都頻頻搖頭，不過時間久了多少也對這種現象習以為常，而席間突然有人問了一句：「員工離職最常說的理由就是生涯規畫，但是你們有沒有私底下做過田野調查，看看員工真正離職的原因是什麼？」

這句話給我很大的感觸，因為我曾經看過一個調查：社會新鮮人第一份工作離職的原因，有八七％是因為衝動而離職，其中**「與同事關係惡劣」就占了一〇％**。

記得以前我與一個得力助手進行離職訪談，無論我怎麼慰留，她都堅持不肯留下，最後她終於告訴我，因為不屑同事的小人行徑，所以待不下去了。

「讓我打擊最大的是，我一直以為她是我最好的姊妹，我處處幫她，沒想到她竟然逮到機會就在協理面前戳我的痛處，我實在沒有辦法再跟這種人相處，今天要不是她走就是我走。」她氣憤的說。

對老闆而言，辦公室的氛圍非常重要，畢竟同事之間的相處確實會大大影響工作情緒。然而職場上的競爭又有其必要，畢竟沒有競爭，員工就不會積極努力，公司就沒有競爭力。

只不過有競爭就會有摩擦，某些人為了自己的利益，勢必會在背後做出一些小動作，但身為老闆最重視的，是希望員工之間彼此的競爭是良性的，而不是背後的蓄意傷害。

這個員工告訴我，她的好姊妹表面上非常關心她，時時對她噓寒問暖，每次看她臉色不好，就會主動關心她，問她是不是有什麼心事。

那陣子她與丈夫處得不好，夫妻之間有一些紛爭，她甚至必須吃安眠藥或鎮定劑才有辦法入睡。她說，當時她的確很感動，因為有好姊妹的安慰與支持，才能讓她走過那段最難熬的日子。

之後，該部門的協理準備提拔她們其中一人擔任課主管，並且分別找她們約談，而她的「好姊妹」不知是有意還是無意的對主管說：「她的工作能力的確不錯，但是據我所知，她最近得了憂鬱症，而且夫妻關係不好，已經很久都沒有辦法集中精神上班，如果她當課主管，不知道能不能勝任？」

部主管聽了這番話，自然就把課長的位置給了她的「好姊妹」，而她則是在廁所中無意聽到同事講起這件事，才知道自己被擺了一道。

聽了她的故事，我告訴她：「當妳離職的時候，她可是好端端的坐在她的位置上，笑著看妳離開，而妳願意為了一時的意氣，把在這裡累積了將近十年的年資，就這麼浪費掉嗎？」因為我實在太過欣賞這位員工的能力，真心希望她留下，所以特別為她調換部門，免得她與「好姊妹」仇人相見，分外眼紅。

我告訴這個員工，希望在經過此事後，她也能記取教訓，**會被別人當作把柄的祕密，千萬不要拿來當作與人交心的話題**。尤其當你威脅到他的位置，你的把柄就會在關鍵時刻，變成他倒戳你一把的利刃。

有時候，「好同事」往往不是兩肋插刀，而是等著適當的時機，準備在背後插你兩刀。無論再怎麼公認不會打小報告的正人君子，一旦你威脅到他生存的權利，他一樣會在老闆面前，不遺餘力的打擊你。

當然，他不會說自己有多麼了不起，但是他會故意把對手的行為有可能如何影響公司，在有意無意間透露給主管，然後在你不知不覺中就拔除你這個眼中釘。

有個名嘴講得很有道理，他說，其實辦公室裡的每個人，都在盯著對手與老闆的辦公室。

大家會有一隻眼睛盯著對手的一舉一動，觀察對手都在幹什麼，或者大家竊竊私語都在講什麼；至於另一隻眼睛就是緊盯長官的辦公室大門，仔細觀察都是誰在那裡進出，出來的表情又是什麼，看是不是又順利捅別人一刀的小人表情。

而大家時時刻刻眼觀四面、耳聽八方的目的，無非都是為求自保。

還有一種同事，最喜歡到處煽動人心，他會到處宣傳，抱怨公司的不是，勸大家趕快另謀他職，以前我在廣告公司任職時就遇過一個。

那個資深同事不斷告訴我們，這家公司在廠商與客戶之間的風評有多麼不好，大家都不願意與我們公司合作；又說老闆在外面的名聲很糟，剝削員工在業界是公開的祕密；又講財務部的同事跟他透露，公司營運真的有困難，每個月都在虧錢，再這樣下去，我們就等著被裁員，勸大家趕快去找工作。

結果很多同事聽了他的話紛紛離職，兩年後卻在和老朋友的聚餐上才知道，當初我們同梯的同事都離職了，只有他還穩穩的坐在那個位置上，至於他這麼做的目的，無非就是不希望有人威脅他在公司的地位。

所以，我要告訴剛出社會的年輕人，每個人的心裡都有自己的一把尺，都只會為自己的利益盤算。

在職場上，人心是比專業技能更難捉摸的領域，我必須很殘酷的告訴你，在利益與升官發財面前，「朋友」才是最不可靠的。

職場沒有永遠的朋友，如果你真的遇上這種偽君子同事，你不需要和他翻臉，也不需要和他過不去，**你只須與他保持若即若離的關係，維持表面上的和諧就可以**。

不管你到哪一家公司，一定都會遇到不對盤的同事，早點認清這個事實，你才能在職場上立足。如果你常常因為與同事相處不佳而衝動離職，反而只會讓老闆覺得，你是一個不善處理人際關係的媽寶王子或爹寵公主。

15 每個位置都是命運的十字路口

中國的職場選才節目《非你莫屬》，會邀請一些知名企業的老闆或高階主管，公開在電視上進行人才招募活動。

這是一個面試的現場，也是一個殘酷的舞臺，求職者等於在大庭廣眾下接受「公審」，就看你能在短短的幾分鐘內展現多少能力、老闆們願意開出多少價碼。

這個節目我看了幾次以後，發現不脫離以下三種「輪迴」：

第一種是求職者「自以為」有很好的實力，為了表示自己事前有認真做功課，所以一上臺就把某些企業批評的一無是處。一開始，有些老闆還非常虛心的請對方提出看法與建議，但是聽了幾句後，才發現原來是草包一個，感覺像是為批評而批評；也有人在主持人的考驗下，很快露出馬腳，他實際上並沒有像自己說得那麼好。

第二種是，不知道自己到底要幹什麼、能幹什麼。當老闆們問他，你想應徵哪個位置，他一下說想去人資部，一下說想做業務，一下又說做什麼都行，最後老闆們全部滅燈，請他回家吃自己。

第三種是，求職者本身的確實力堅強，為了一圓進入知名大企業的夢想，也為了爭取更高的薪水與位置，所以來到這個舞臺。

你會發現，當這樣的人才走上臺時，只簡單說幾句話，就讓所有老闆眼睛為之一亮，那眼神就像看到獵物般熠熠生輝，接著每個老闆無不使出渾身解數，開出好條件，想盡辦法爭取臺上的人才加入自己的團隊。

這個節目雖然現實，但很有「警世」作用，我朋友便要求他讀大一的兒子，一定要看這個節目，並且要他兒子認真思考，如果今天換作是他站在這個舞臺上，那麼最終決定能否獲得工作的選擇權，會是在他的手上，還是老闆的手上？

被資遣或當派遣，是必須面對的十字路口

二十幾歲的你，面對兩萬多元的薪資水準，你迫於無奈只能接受，眼前似乎也只

有這一條單行道可以走；但是當你來到三十歲大關，你的眼前就不再只是單行道，而是一個十字路口。

如果往前走是被減薪，往後走是放無薪假，往左走是被資遣，往右走是沒有底薪保障的派遣工作，這時候，站在十字路口的你要往哪走？

當然，你也可以堅持站在原地，哪裡都不走，然後站在馬路的正中央，等著被大時代的殘酷活活撞死。

這可不是危言聳聽，我看過一個新聞報導，提到日本電子大廠索尼（Sony）因為法令關係，無法資遣年資超過三十年的老員工，只好設了一個「無聊辦公室」，把四十多位無一技之長的老員工丟進這間辦公室裡，他們每天只要負責上網喝茶看報紙，並且在下班前交一份今天做了那些無聊事的報告就好。這麼做的目的是，既然法令規定我不能裁了他，那就只好看看能不能用「日子太無聊」來逼退他。

過去日本的「終身雇用制」被各國傳為美談，今日卻成為企業無法擺脫的成本枷鎖，所以現在，日本有超過八成的企業大量聘僱派遣員工以降低成本，就像有一部日劇《派遣女王》，讓我看了以後非常有感觸。

這部戲裡的女主角，因為眼睜睜看著同事陸續被裁員，體悟到自己也逃不過這個命運，所以她開始全方位提升自己的技能。她考過的證照多到履歷表都寫不下，而她的工作能力之強，讓所有的企業主都希望她能轉為正式員工，然而她堅持不肯，因為她始終秉持兩大信念：「在職場上能相信的只有自己」，以及「沒有比成為正式社員更危險的事」。

你可以說戲劇誇大，但這部片之所以能擁有高收視率，是因為它確實反映了職場的無情。我想，今天索尼這些資深老員工之所以下場淒涼，只能說是終身雇用制害了他們，因為在這個保護傘下，他們**失去了危機感，沒有跟隨科技的發展提升自己的能力**，以致淪落到今日這般地步。

這年頭，不是每家公司都有無聊辦公室可以給你養老，卻有大量沒保障的派遣工作等著你來做。你一定要體認到，未來的職場只會更嚴苛，在人生的十字路口，每一步都舉步維艱。

四十歲失業，是二十歲造的孽

在《非你莫屬》邀請來的企業中，讓我印象最深刻的是，有個企業主堅持只雇用四十歲以上的「大嬸」，三十歲以下的年輕人免談，因為她認為年輕人沒定性又沒拚勁，抗壓性也低，每每遇到一點挫折就嚷著要離職，無疑是在浪費企業的培訓成本。

當社會普遍告訴你，四十歲以後就是邁入高失業的危險群時，我卻要告訴你一個更殘酷的數據：現在**社會新鮮人的失業率，早就已經高過四十歲以上中高齡職場人的失業率了**。這個數據其實有跡可循，不只節目上的這個老闆，我也聽過一家海運公司絕不錄取三十歲以下的年輕人。那家公司的員工，平均年齡是四十歲，至於不用年輕人的原因，與上相同。

所以，二十幾歲的年輕人們，你現在可以不服氣，說老闆以偏概全看輕你們，只想用兩萬多元買你們新鮮的肝，便宜使用你們的人力。然而，老闆在面試的時候不見得認識你這個人，不知道你的能力到哪個水準，但是老闆一定會先留意你的敬業態度。也就是說，你的每一份工作與每一次轉職，都在啟動命運的轉盤，都決定未來你在職場的十字路口，會往哪裡走去。

如果四十歲以後你失業了，千萬不要怪別人，怪人家不肯賞你一口飯吃，你只能怪自己從二十幾歲開始，就在一步步造下許多無可挽救的「惡業」，一步步啃蝕你所剩無幾的殘餘價值。

3

三十歲後，
你會站在哪裡？

16 為何麵包師傅的前途比白領職員好？

在一場特別的同學會上，Lily 再度遇見學生時代追求過自己的兩個男孩：當年成績名列前茅的 Alex，研究所畢業後進入一家公司當行政人員。就算他沒說，人人都曉得那是個月薪兩萬多元的工作。

而不愛讀書的 Kim 則選擇了技職體系，成為一名麵包師傅。他從還學貸到買房，全憑自己的一雙手，沒花家裡半毛錢。對此，Lily 十分感嘆。為何兩人當初被看好的程度，與現今成就的差異竟如此之大？

「每天為了要在開店前烤好麵包並上架，天才剛亮就要出門，月休不到六天，下班時間也不固定。而且由於三餐不正常，基本上從事這行的人，胃都不大好……。」這是一位初入行的麵包學徒的心情告白，當中可以看見從事此行業的辛苦。

要「面子」還是「裡子」？

身處科技進步的時代，人們總是容易忘記，架上一個個可口的麵包，其實是多少人付出勞力和技術的結晶。然而別被繁重的工作內容嚇住，藍領的「師傅」固然辛苦，但這或許是當今最有前途的工作。

「人生在世，有人活成了面子，有人活成了裡子。」這段話出自電影《一代宗師》。當裡子和面子不可兼得，你是要面子？還是裡子？

天秤的一端是光鮮亮麗的外表，另一端則是難以被取代的技術價值。白領職業乍看耀眼，名義上是朝九晚五，工作時間看似規律。然而最難面對的就是薪水問題，如果把收入換算成時薪，你會發現白領的薪資少得可憐，幾乎是名副其實的「白領」了。

順道一提，作為白領，你的收入只會越來越少，而且由於薪水受制於人，你幾乎沒有反抗的機會。

這不是說你沒有專業，只是你的專業不屬於自己。基本上，白領的工作不管多有累積性，永遠是老闆創造的系統下的螺絲釘。螺絲釘的命運掌握在系統手裡，離開系統，你就什麼也不是。假使你是臺風扇，你想離開目前這臺電腦，就只能尋找另外一臺主機。因為離開電腦，風扇就只是無用的零件。

也許你認為自己有學歷、有年資，對公司來說是不可或缺的存在，這就是談薪水的資本。其實這麼想是個危險的徵兆，假使你足夠認清事實，就會發現一件殘酷的真相：**沒有你，世界依舊繼續旋轉；少了你，公司依然能營運下去**。或許，你是由於怕勞苦而選擇了白領工作，但你可能沒有想清楚，這讓你只贏了面子，卻輸了裡子。

在傳統觀念中，工匠和技術者彷彿比白領矮了一個層級，「面子」也不夠光鮮亮麗。甚至我們還在讀書的階段，老一輩就會灌輸：「現在不把書讀好，以後就去工地做苦工。」導致很多人養成寧可不要裡子，也要面子的觀念。

由於技術工作沒有擺脫骯髒、辛苦的形象，而且受到上一代的影響，年輕人謀職時也擔憂行業的穩定性，加上工作環境差及工時長，都使得技術性的職業被排除在選擇之外。然而系統性職業的最大特徵，就是「經驗」絕對有用。凡是技術取向的工作，收入跟所付出的時間是成正比的，也就是投注多少心血，就有多少回報。

雖然像麵包師、水電工之類的技術職，剛入行時只是薪水不高的「學徒」，但這類型工作的薪資會隨經驗的多寡而調升，從這方面來看，當個麵包師的收入，還比多數白領更有保障。

此外，不同於白領上班族，麵包師從打蛋、揉麵、秤重到調製配料，通通自己動手，從全觀的角度面對市場考驗，包括消費者接受度、對產品的反應度等，本身就是一個完整的系統。

這樣的人無論走到哪，專業技能都能發揮所長，也就不會被薪水制約了。

你的工作，技術含量高嗎？

「沒有人是不可被取代的。」（No one is indispensable.）——現代管理學之父彼得．杜拉克（Peter Drucker）。

在學歷貶值的今天，專家不斷強調的是：**想要在現今的職場上生存，就要創造自己的「被利用價值」**。

事實上，你我都能被取代，差別只在於「這社會有多需要你」。打個比方，如果今天需要在荒島求生，最有機會活下來的那個人，就有這世界不可或缺的能力和特質。成為擁有一技之長的技藝專家，比一畢業就坐擁高薪還來得有保障。因為技術的養成不易，加上傳統觀念對作為「工匠」的抗拒心理，使得願意從事技術職的人少之又少。

然而，成為「工匠」並非想像中容易，這些行業存在著技術門檻，一般人無法快速上手，他們除了要花大量的時間學習技巧，還必須有證照才能執業，就算引進外勞也無法替代，無形中為技術型職業增加不少保障。

而由於這類系統性人才處於供不應求的狀態，甚至國外也缺，「粥多僧少」的結果，使談價錢的籌碼也提高了。

最重要的是，不管技術如何進步，人們可能不再需要風扇，卻不可能拋棄整臺電腦。分析到這，「麵包師傅」和「白領職員」的前途重量，我想已經很清楚了。現在，你是否還願意花更長的時間坐在辦公室裡，只為了賺取微薄的薪水，以及徒具表象的安逸？

17 二十幾歲開始準備，才能選擇三十歲站的位置

我有一位三十出頭的朋友，雖然在父母的期望下讀了師範大學，不過畢業後他下定決心投入最渴望的藝文領域。

他本身沒有相關背景，要入行其實不容易，但他告訴自己只要肯開始都不算太晚，因此下班後就自己花錢學習繪圖軟體的用法，還去圖書館借了一大堆設計的專業書籍，在假日努力研讀艱深的相關原理與應用。

後來他辭掉原本的工作，進入設計公司從助理開始做起，不只如此，他假日還到美術館當志工。大量接觸藝術工作者與導覽的經驗，讓他漸漸培養出自己獨到的審美觀，而現在，他已經是一家設計公司的老闆，不僅常常有大案子可接，連國外的藝術家也指名要跟他合作。

你在二十歲做了什麼準備，決定你未來是站在路邊發傳單，還是站在鎂光燈下接受大家的喝采。

設定目標與努力實踐一樣重要

美國一位企業家說過：「給我一位有目標的倉儲人員，我將給你一位可以創造歷史的人；給我一位沒有目標的人，我將給你一位倉儲人員。」

我實在無法理解現下一些人的想法，他們完全不知道要做什麼，也沒有想過要替自己設定目標，就這樣一天過一天，好像到了三十歲就會突然找到人生方向。如果你沒有先決定目標，只知道要努力向前走，卻根本不知道要走到哪裡，那麼當你在職場一遇到障礙，就會懷疑自己可能不適合這份工作，然後就開始陷入投履歷、面試、上班、離職的無限迴圈。

然而我要提醒你的是，**如果你不知道自己要做什麼，那麼無論你做什麼其實都沒有差別**。

從未來回推到現在，你才知道自己目前究竟該做什麼，也能確保自己的方向沒有產生偏差，從管理學的角度來說就是「結果導向」，先設定想要得到的結果，再逐步擬訂計畫的每個步驟，隨時根據執行狀況進行調整與修改。只是，如果目標訂得太不切實際，你心裡很清楚自己根本達不到，那麼就算有再多計畫也無法改變失敗的結局。

我有一位認識多年的好友，以前他剛出社會就在一家大型外商公司擔任行政助理，當時他總是說一定要練好一口流利英文，將來還要當上這家公司的亞太區負責人。說歸說，但我從來沒看過他為了這個目標做過什麼努力，依然每天準時下班回家後躺在沙發上看電視，假日也總是跟三五好友吃飯聊天，直到現在已年過三十，還是繼續窩在最初的那張辦公桌。

何飛鵬在《自慢四：聰明糊塗心》中，提出「**要有成就，必須先當『工人』**」的概念，他認為很多人都不喜歡做瑣碎又重複，讓自己看起來像工人的工作，卻不了解這些看似不重要的小事，都是為了日後的成就做準備。

很多年輕人也有這種「思想上的巨人，行動上的侏儒」的通病，只是嘴上喊著一定要達到目標，卻不願意付出該有的努力。如果二十歲還抱著這種心態，三十歲就等著被社會淘汰。

早一點，永遠是最好的時間點

美國心理學家經過研究，發現很多人都**把三十歲當成「第二個二十歲」**，認為到了三十歲再開始還來得及，就是這種觀念讓很多人**錯過二十多歲時的可塑性**，造成往後的人生只能不斷跌跌撞撞。

不要再認為三十歲還能無憂無慮的過著每一天，你不提早做準備，將來就只能替自己的無知感到後悔。

根據研究，發現所謂的中年危機已經提前成為「青年危機」，這也代表你從二十多歲開始，就必須正視環境的改變與自我定位。有些人覺得這種社會惡化之下造成的後遺症很值得擔憂，我卻覺得，這正是能夠將年輕人狠狠敲醒的好時機。

我必須奉勸你，盡快脫離自己還生活在「後青春期」的心態，你覺得三十歲還很年輕，等到三十歲後你才驚覺自己什麼能力都不具備，那些被你浪費的時間其實都很寶貴，只是你現在才發現。

世界上沒有巧合，只有被規畫好的劇本，儘早確定目標，才能越早行動，越快到達成功的終點。銷售大師喬·吉拉德（Joe Girard）曾說過：「通往成功的電梯總是經常故障，因此想要成功，只能一步步往上攀爬。」

以明星為例，日本與韓國的明星很多都是從小開始培訓，就像上課一樣必須按表操課。起步早加上正規的訓練，讓他們在各方面的實力都很出色，雖然市場很競爭，仍然有相當高的競爭力與存活率。

我不否認「能快就不要慢」是很積極的態度，不過我觀察到很多年輕人只是一味想找捷徑，而不願意一步一腳印累積扎實的經驗。如果不破除投機取巧的心態，三十歲前都靠著這種看似聰明的方法愉快過日子，三十歲後你就會像紙老虎，徒有外表而沒有競爭力。

二十歲的樣子可以說是三十歲的縮影，如果你一直漫無目的，也不為往後的人生做準備，想必你也得不到多大的成就。現在只顧著打卡玩樂，未來當別人在享受人生時，你卻還得打卡上班，繼續在基層賺取微薄的薪水，過著這種沒有盡頭的苦日子。

18

睜開眼，你才能看見別人要什麼

我身邊有一些過了三十歲的朋友，問我到底要如何做，才能在四十歲前擁有自己的事業或職涯舞臺？我告訴他們，如果你們能**在二十幾歲就睜開眼，看見世界、看見別人的存在**，就會有機會在三十歲後，創造出一番成就。他們聽了卻說，二十幾歲年輕時，他們都是睜開眼的，為何到現在仍只是白領族的基層成員？

其實，他們在二十幾歲時，臉上的眼睛是睜開的，但內心深處的靈魂卻是閉上眼的狀態。這個時候，他們看見的世界，是自己內在投射出來的，經過自己的妄想和恐懼扭曲的世界，他們看見的，並不是真正的世界。

泰國有個年輕人致富傳奇——「海苔億萬富翁」。

這位富翁在十七、八歲時，就開竅想要賺錢致富。只是那時他的眼界未開，他所看見的世界，還是他的內在投射出來的遊戲世界。因此，他花大錢買了一堆DVD播放機，結果全是品質不穩的山寨機，賠了一大筆錢。

接著，他又花大錢去租一臺自動翻攪栗子機回家。他爸爸看了搖頭說，這種機器二手市場一堆，而且只要他付出租金的五分之一，就能買到相當新的機器，真搞不懂他為何要當冤大頭。

除此之外，他去美食街租攤位，也因為沒有經驗租到美食街動線的死角，根本沒有人潮，這又讓他賠了一堆錢。

就這樣，經過一連串的殘酷洗禮，他才發現真實世界和他想的不一樣，這才逼他真正的張開眼睛，開始去想消費者要的是什麼。

然而，也因為他真正的睜開眼睛才意識到，必須利用連鎖便利商店的通路，讓消費者看見他的產品，進而銷售他的海苔，他才能在年紀輕輕時，成為億萬富翁。

同樣的道理，我遇過許多從事仲介或業務代表的年輕人，雖然他們的態度很積極、很親切，但我總發現他們仍然是閉著眼睛在服務客戶。

例如，有一次我去美食街吃飯，店員給餐時，完全沒有給我筷子或湯匙，我拿了餐再回頭去跟他索取，拿到的卻是給幼稚園小朋友使用的，只有姆指大的小塑膠湯匙。

我看了真的傻眼，問他給我這個會不會太離譜。他卻說今天的免洗筷子和湯匙都用完了，只剩這個，如果我不要那他也沒辦法。

雖然，他當下很有禮貌的看著我，但我實在為他那空洞虛無的眼神感到悲哀。可悲的是，表面上他是睜開眼的，但他的內心和意識卻是封閉沉睡的狀態。他看不見我是個消費者，他更無法理解，自己是站在櫃檯裡的店員，是個提供服務和產品，要賺消費者口袋中鈔票的銷售人員。

其實，店裡的筷子和湯匙用完了，還有很多替代方案可以使用：他可以到隔壁攤子，去借一雙筷子給我；或他可以把店裡的瓷湯匙、鐵湯匙洗一洗，先讓我應急。然而，他卻選擇讓自己像是看著牆壁似的看著我，選擇不行動了結這個問題。

同樣的現象，也可能發生在三十歲後的人身上。有位房仲人員把一棟房子賣給客戶後，客戶發現房子漏水，且臥房是違建，遭鄰居檢舉要報拆。客戶拚命打電話給他，要他負起責任解決這件事，他卻人間蒸發，手機關機也不去上班，逼得客戶只好告上法院，結果房仲人員和仲介公司連帶賠了不少錢。

事實上，這些房子上的缺失，原屋主也有責任，然而，就因為仲介人員不出面把權責說清楚，才造成自己敗訴要負全部的賠償責任。

後來，聽仲介公司的主管說，這位房仲人員在幾年前，那時才二十幾歲，在另外一家店任職時，就曾發生這種對客戶損失視而不見的行為；想不到幾年後，他仍然沒有成長，沒有睜開眼睛，勇敢看清這個世界的真貌，看見消費者的需求。

顯而易見的，二十幾歲沒有睜開眼的人，過了三十歲，有可能會更不敢睜開眼。年紀越大，內心的眼皮就越重，更怕見光，更怕看見那個和他想像中完全不一樣的世界。相對的，偶爾有少數悟性過人的年輕人，才二十幾歲就能真正睜開眼，真正的看見別人的需求，因此在各行各業打下一片江山。

例如，有的是在連鎖餐飲當店長；有的是自己研發甜點，且成品成為網購熱賣商品；有的不到三十歲，就成為賣車高手，年收入破百萬；有的則是成為房屋銷售達人，營業額破億。

然而，在我看來，人人都能在年輕時就睜開眼，看見別人的需求，每個年輕人都可以，這和學歷及家世背景都沒關係。

關鍵在於，你是否想浪費二十幾歲的光陰，在人生和事業打地基的黃金期完全毫無作為，任憑這個無價的人生資源，像高鐵不靠站似的，從你手中溜走？

其實，只要你有夢想，敢做夢，有企圖心去爭取財富事業和地位，或者想透過自己的目標和夢想被實現，來改善自己和家人的生活。只要你有這些決心和需求，你就應該想辦法，讓自己在二十幾歲時，從內而外真正的睜開眼。

當你能從內心睜開眼，你就能很自然的、清清楚楚的**看見別人的需求**。這個時候，不管你從事什麼行業，你只需要掌握消費者或客戶的需求，然後想盡辦法去滿足他們的需求。

我相信，等你三十歲後，你必然可以擁有自己的事業系統和成功根基，開始進入另一個更高格局的人生階段，為自己的四十甚至是五十歲時的驚人成就，奠立穩健的基礎。

19

你內心的位置有多高，決定你職場的高度

我曾在規模不小的廣告公司當主管，當時有一位從國外留學回來的女碩士，進入我的部門當行銷企畫。

有一次開會時，某個資深同事當場指出她的企畫書上，有個數據是錯的。老實說，在工作節奏很快且競爭壓力很大的辦公室裡，我覺得同事的提醒是就事論事，不是針對個人，這類的提醒是很好的。

然而，這位女碩士竟然當場發飆，把企畫書摔在桌上，指著同事的鼻子吼叫，說她這輩子從來沒有被人如此羞辱過，她相信自己的數據不會有錯，為何同事不先求證再來指控她，並說這種三流同事她無法共事，這家不入流的公司她也不待了。

她說完掉頭走人，俐落瀟灑。我記得，她那年好像剛好滿三十歲。老實說，這樣

的年輕人，我在職場中遇過不少。

不幸的是，他們雖然學歷都很高，但他們可能到了四十歲，仍搞不清楚一個事實：**決定職場位置有多高的關鍵，不是學歷和出身的高度，而是內心的位置有多高。**

我經常和同業的朋友聚會聊天，大家一提到人事管理，就異口同聲的唉聲嘆氣。雖然，每年國外都會回來一批名校的MBA畢業生，然而，這些頂著名校光環的菁英卻都忘了，組成企業的元素是人，而不是數據和學歷。無奈哈佛或史丹佛等名校，只會教出運用企管工具的經理人，卻教不出洞悉人情世故的生意人。

相對的，在別的部門裡有一位高職畢業的企畫助理。據我所知，她來公司的一年內，就替她主管背了好幾次的黑鍋，儘管她也覺得委屈，但她仍選擇繼續挺她的主管，直到她的主管離職。

後來，我把她挖到我的部門，問她為何吞下這些委屈。她掉著眼淚說，她和其他同事不一樣，來這公司只是為了一份薪水和職位；她出身貧困，家裡只有她讀到高職畢業。因此她在心中立下目標：來這裡不是為了領薪水混日子，而是要學到行銷的技巧和能力，盡快獨當一面，在三十歲前，成為一個擁有專業技能的行銷企畫。

所以，不管在工作上有多少委屈，她都願意吞下去，因為，她要達成的目標比一般人高。當然，她吞下的委屈和努力的額度，就要比一般人來得高。

我記得，她一年後就升為正式的行銷企畫了。

現在的年輕人當中，不愁吃、不愁穿也不愁學費的，實在不少。因此，來應徵的動不動都是碩士起跳。只是，大部分的人，都是眼高手低的公主或媽寶王子。

這種從小被慣壞的人，內在可以承受委屈和挫敗的額度，幾乎等於零。當然了，如果你問他們自己一年後想站在什麼位置，他們的回答都令人驚豔，都是有自信和決心的。

然而，說歸說，等到我觀察他們一個月後，才發現他們幾乎是把公司當成自家開的，想做什麼就做什麼，自作主張把事情搞得一團亂，還要動用一堆人幫他們收拾爛攤子。當同事留下來加班為他們闖的禍擦屁股時，他們竟然可以氣定神閒、大搖大擺的準時六點打卡下班。可想而知，他們這種把公司當自己家的行為，讓那些留下來加班的同事，各個都想去掛號拿抗憂鬱藥，來讓自己忘掉這些公主和王子。

過幾天，我問他們會不會覺得自己準時下班，在觀感和道義上有點不妥，會不會對那些加班的同事過意不去。他們的回答幾乎如出一轍，都說時間一到下班是他們的權利，是合乎規定的，至於其他同事要加班，是他們自己工作效率太差，才需要留下來加班。

很顯然的，從他們的舉動和想法來推論，他們內心對自己這個位置的評價，似乎只到公務人員的高度，也就是說，一切按規定行事，他們不會為了公事和同事，犧牲掉自己的時間和利益。

他們信誓旦旦相信自己在一年後，都可以站上主管的位置，但我相信現實的狀況是，如果他們回到父母開的公司上班，這樣的想法才有可能實現。

事實上，**一個人內心有多大的抗壓額度，不是學歷或自信可以買來的**；相反的，**抗壓額度是在各種委屈和挫敗中，一點一滴被撐大**。

當你吞下的委屈夠多、抗壓額度夠大，你內心的位置，自然會升級到足以獨力完成一個專案，或帶領一個部門或團隊的高度。同時，我也相信，那些少根筋的公主和王子，只要能在職場中被磨個三到五年，也有機會撐大內心的抗壓額度。

當然了，如果他們的八字太好，都沒有機會上戰場被磨練一番，我絕對相信，當他們三十歲時，他們的位置可能還是在自家客廳或臥房的某個角落，其處境說穿了也和家中的寵物沒有兩樣吧！

20 知道自己要什麼，站在水溝裡也可以

有一次我到一家常去的麵店吃午餐，發現店裡只剩下老闆娘一個人，不見之前的年輕小夥子。於是我和老闆娘聊起來，才知道之前跟她一起顧店的年輕人是她兒子，前陣子娶了老婆後，竟然開始嫌棄開麵店的老母親。

原本這位老闆娘想說自己已經六十多歲，差不多也該退休了，有意將這間不小的店面交給小倆口，但沒想到兒子用一句：「我不想讓我老婆做這種事。」一直接拒絕了母親的好意，而且還深深刺傷了她的心。

她告訴我，原本她是跟老公在另外一個地方租房子賣麵。後來她老公因為癌症過世，留下四個孩子要她撫養，最大的國小四年級、最小的才剛上幼稚園，沒有其他專長的她只好一個人撐起這家麵店，含辛茹苦的把四個孩子養大。在孩子都有自主能力

後，她終於存到第一筆錢，足夠付上房子的頭期款。

老闆娘在買了房子、兒子也娶妻生子後，辛苦了大半輩子，以為到了含飴弄孫的年紀，卻發現兒子竟然如此看輕自己的職業。

她兒子認為賣麵是次等人的工作，在老婆的慫恿下，他決定先到老婆家開的電子公司上班。但畢業後不知道要做什麼，只能和母親一起賣麵的他，似乎除了煮麵，沒有其他技能。最後結果也可想而知，沒碰過電子業的他沒辦法硬著頭皮做下去，過沒多久，我又在那家麵店看到那位年輕人的身影。

他看不起她母親的工作，但他終其一生也只能靠著賣麵為生。而令人啼笑皆非的是，我發現只要他母親不在店裡的那天，店裡不但會變得一團亂，餐點也不像老闆娘在的時候那麼好吃。

這是時下某些年輕人最令人不齒的心態：你的人生漫無目標，但你竟然還敢鄙視那些，為了夢想而不斷奮鬥的人。

當你在歧視別人的工作時，你不知道這些工作儘管看來不像醫生、律師那樣高高在上，但至少這些人擁有目標，而且身體力行去實踐。

也許老闆娘一生的夢想，就是讓兒女可以衣食無缺的長大，然後把麵煮出好口碑，讓客人會不斷上門，最後存錢買下一家店面。

「知道自己要什麼」是很重要的，因為唯有當你知道自己的目標跟夢想是什麼，才有可能樂在其中不覺得苦，而旁人對你的輕視眼光，也才不會讓你打退堂鼓。

曾被瞧不起的人，最有機會站在高位

「先求有，再求好」聽來是一句很沒志氣的話，卻也是一句最實際的話。不管你的目標是什麼，先有份工作、養得起自己是身為人最基本的標準。

但同時我最怕年輕人有兩種心態，一種是在他達到基本標準後，就安於現況，只懂得求「有」的人；而第二種人是只想求「好」、好高騖遠的年輕人，就像麵店老闆娘的兒子，他也想要賺大錢，但他不願先彎下腰安分的煮麵，而對未來沒有目標、沒有方向的他，只會妄想著藉由老婆娘家的勢力一步登天。

除非你有個有錢老爸，否則，「一步登天」永遠都不會是人生故事中的一個章節。

我有很多在當業務員的朋友，他們常常有一個困擾，就是不被客人尊重。不管是有錢的大老闆，還是陪兒子來買車的婆婆媽媽，很多人對於當「業務」的年輕人，總是會帶著惋惜神情。有一位媽媽級的客人，甚至語重心長的和我一位朋友說：「現在工作不好找吧，否則你也不會來做這個……。」

我朋友一時語塞，因為他從不覺得做這份工作有半點委屈。他從小就熱愛汽車，這樣的工作環境對他來說簡直就像是置身天堂，而他最大的目標就是做到業務經理。但他知道，想當上經理，不管是銷售技巧或人脈，都需要在做基層業務時開始培養，而非一蹴可幾。

他知道自己最終要什麼，當然不會被那位客人的閒言閒語動搖。

我的很多朋友一開始做業務時，除了要面對客人的同情眼光外，還要想辦法克服客人的刁難跟羞辱。

而在面對這樣的客人時，你可以有兩種處理方式，一是在下次的銷售表現出專業度給客人看，二是厭惡這份讓你面子盡失的工作。

像我有位朋友，就曾被一位有錢的大老闆當面羞辱，因為還是菜鳥的他，對名車的認識還不及一位開慣名車的大老闆。但他並沒有因此一蹶不振，而是回去解決在這次銷售時面臨的問題。他想著，被罵一次，可以學到一項新知識，被罵到第十次，他就學會十項，被罵到一百次，很可能他就再也不會被罵了。

當他為了這份工作，有了被罵上千次的決心，就很有可能**在被罵上第五十次時，就不自覺的站在比所有人都還要高的位置**。

知道自己在做什麼，無懼他人眼光

我有位姪女是某私立大學中文系畢業，剛畢業的她，有一次帶著從人力銀行列印下來的兩份資料來找我，說是面試上兩份工作，不知道該如何選擇。

其中一份工作，是在廣告公司負責寫文案，另外一份工作則是某間家飾店的賣場人員。這兩份工作的性質南轅北轍，但我知道，這兩種性質都是她熱衷的事物。她熱愛文字，腦子裡總是有天馬行空的想法，但同時我也知道，她從小就喜歡家飾用品。

她先怯生生的和我說，她之前有先問過她媽媽，而她媽媽舉雙手贊成她去廣告公司上班。但當她問到原因時，她媽也講不出個所以然。

我當然知道原因：「文案企畫」這個職稱，比起「賣場人員」來得稱頭多了。但我自然沒有跟她說這個原因，我只告訴她：「做一份工作，專業跟興趣都很重要，且除了現階段，妳也要考慮到未來的發展。文案寫得好，在廣告業或出版業都能有口飯吃；而家飾店的工作，妳可以從基層員工做到店長，甚至可以從中培養美學鑑賞能力，當調動賣場家具的專業人員。重點是要知道心裡真正要的是什麼。」

最後，她選擇了廣告公司，但不是因為她媽媽膚淺的既定印象，而是因為聽從自己內心真正的聲音。

我曾經在雜誌上看過一段話：「工作本身是中立的，是不是好工作，或者有沒有價值，是你賦予它的意義。」**當你知道自己內心真正渴望的理想，就沒有所謂的屈居於某樣工作，也沒有所謂的卑微不卑微了**。

21 年紀越大，你可爭取的位置就越少

我有個朋友，一邊工作、一邊旅遊一直都是她的夢想，所以她從小的志向就是成為導遊，為此她從高中就拚了命的念書，考上某國立大學的觀光休閒科系。在大學期間，為了增進語言能力，她選擇英文系作為輔系；為了培養帶團能力，舉凡是學校社團或系上學會的活動，她總是一手包辦。

別人看她像個傻子般的攬下辦活動的重擔，但只有她自己知道，我們以為的苦，對她來說，卻是替未來的自己累積實力的最好方法。她總是說：「如果在畢業後才發憤要增進自己的能力，也沒有這些機會讓我練習了。」所以我們眼中的苦差事，她都做得樂在其中。

毫無意外的，剛畢業的她馬上就被某家知名旅行社網羅，她如願以償的實現從小

的夢想。

也許你們看到這裡，以為故事說完了，因為我這位朋友的努力獲得了回報，有個完美結局。但是故事還沒結束，因為你要知道，在生命還沒終止的一天，你就必須繼續為未來鋪路。

她在大學以前所付出的努力，絕對足以讓她在畢業後，順利找到一份夢寐以求的工作。她所學到的技能，甚至足以保她十年的飯碗，但如果她真的以為這就是努力的終點，那她在年過三十後，肯定還是會一敗塗地。

二十多歲的她，要做的工作就是當領隊帶團出遊，整天上山下海，晒出一身古銅色肌膚。但在工作的第二年，她想著這麼耗費體力的工作，可以做到幾歲？更何況即使體力可以負荷，也很少看到四、五十歲還在帶團的領隊。

有了這個危機意識後，她除了完成分內的工作之外，還提出能否跟在經理旁邊，學習如何接待客戶的要求。在一邊工作、一邊學習的狀況之下，如今三十好幾的她，已經可以選擇慢慢減少帶團的比例，把重心逐漸轉到接客戶上，薪水還比從前多上好幾倍。

而跟她同時期進公司的同事，有九成以上都在年過三十後，因為家庭或體力因素，無法再從事導遊工作，但他們在年輕時沒有培養其他能力，失業後沒有第二技能，無法在短時間內轉換跑道。

在你二十多歲年輕力壯時，也許在許多公司的徵人條件上占有很大的優勢，但隨著年紀越大，你原有的優勢可能會逐漸不如晚輩。年輕的你也許還可以挑工作，但三十過後，沒有及早為三十歲後的自己鋪路，你將會被毫不留情的淘汰，最後還是只能淪為被企業挑選的窘境。

三十歲的你，只會承襲二十多歲時的決定

也許你現在的工作相當順利，但是即使老闆「現在」器重你，也並不代表他有義務要保你一輩子的飯碗。而你要清楚的是，除了自己之外，沒有人會投資你。

很多年輕人最大的毛病就是安於現狀，不懂得為未來的自己「布局」。可怕的是，**當你的競爭者在不斷增進自己實力的同時，你的停滯就跟持續退步沒有兩樣**。

在二十幾歲的黃金十年，會決定你們三十歲後的成敗。二十歲時，你們也許還站在同一個起跑線；但三十歲後，你卻發現全世界只剩下你一個人待在原地，而你的對

手早就跑得不見蹤影。

在你手中的籌碼越來越少的狀況下，你只有不斷的投資自己，獲取新的籌碼，三十歲之後才有辦法繼續過安穩的日子。

很多人說，出社會的前五年，將決定你未來的職業走向，因為在這五年你可以盡情探索，找到最適合自己的職業。但在你確立志向後，只是開啟第一道門，往後的路好不好走，甚至在這道門後還有沒有路，都是你必須繼續面對的現實。

而在決定要鋪怎樣的路之前，你必須先擬訂你的未來，當你明確的知道自己的未來想要站在什麼位置，你才有方向繼續前進。

年輕人有很多令人詬病的缺點，但其中最令人擔憂的一點，還是在於對自己的未來毫無頭緒。**二十歲的你對未來感到茫然**，隨便找份工作餬口；**三十歲的你**就幾乎不可能茅塞頓開，**多半還是會承襲二十幾歲時的思想**，然後一輩子只能為了生存而硬找工作。

而這同時也是年輕人，之所以無法為自己的未來好好布局的原因。

我有個很好的朋友是一家燒肉店的老闆，這種**服務業，最容易碰到只想領薪水的**年輕人，他們對工作沒有熱情，只會抱怨薪水少、工作累、工作苦悶、老闆不懂得賞識自己。

其實最大的原因不在薪資、不在老闆摳門，而是在於這些員工從一開始，就不打算將這行業作為他一生的志向，而抱持著這種心態的他們，不會在這個領域有所成長，但也沒有將心力放在耕耘其他專業能力上。所以隨著年紀越大，他始終還是月領兩萬五千元的員工，一輩子都升不上店長、當不了老闆，只能像個寄生蟲一樣，繼續依附著他罵了一輩子的公司。

最後你會發現，當你年紀越大，你懷抱的夢想就越來越小，因為你發現有能力做的事，只會越來越少。

沒有夢想、沒有目標，就像是開車進入一團迷霧中，你只看得到眼前兩公尺的距離。你走得戰戰兢兢、走得緩慢，根本沒有辦法放手去闖，三十歲後，你更不必盼望眼前的霧會突然散去。

人生的一百斤苦，要怎麼分配？

我在念大學的時候，記得當時的教授跟我們說過：「人生共有一百斤的苦，你這一生一定得吃完，如果你現在整天都只顧著吃喝玩樂，將來出社會還是得受；如果你出了社會還是繼續擺爛，在你垂垂老矣時，你就必須承受你上半輩子所種下的果。」

前王品集團董事長戴勝益也曾說過一套「苦瓜排骨理論」，苦瓜代表每個人的工作責任與壓力，排骨則代表生活與家庭。三十歲的比例應該是苦瓜七分，排骨三分；四十歲是苦瓜六分，排骨四分；五十歲則是苦瓜排骨都各五分。

但是，如果你沒有經歷過三十歲以前的苦，五十歲的你也沒有權力選擇，要如何分配苦瓜與排骨。

三十歲的你必須培養更多的能力，讓自己有資格走到比二十歲更高的境界，因為在這個年紀，你能選擇的位置雖然更高，但是機會相對的也少。在你拿不出實力跟同輩競爭，然後只能選擇退一步屈居於低位時，只會發現比你年輕的新生代，正大排長龍的排在你身後，等著一腳把你踹開，然後取代你原本的位置。

22 選擇有「累積性」的籌碼，才有發言權

「你不做，後面還有很多人排隊等著做。」這是多數老闆信奉的一句話。的確，在專業分工越來越細膩的當下，我想你必須知道，沒有人是不可取代的。

「專業只是職場競爭的入場券。」美國科曼管理顧問公司（Coleman Management Consultant，簡稱CMC）在一篇研究職場成功要素的報告中寫道。職場上，每一種人才都有相應的位置，但不會一成不變。企業在不同時期需要的是不同的專業，所以要撤換你，其實相當容易。

因此，擁有「累積性」的籌碼更顯得重要。這不僅能讓你在決策中有發話權，更能推動專案、影響老闆和客戶，甚至擁有自己的意見團隊。

成為 π 型人的心法：不是當八爪魚

所謂的技術，就是實務應用上的工具。想在決策上有發言權，技術當然是必備的條件。我在過去任職的公司曾遇過一名員工，面試時對主管謊稱自己有多年經驗，卻在進公司的第一次提報就被識破手腳。原來他根本不具備相關技術能力，從此他的提案便成為炮口瞄準的對象。受不了眾人強烈的質疑，他後來乾脆在會議上緘默不言，甚至趴在桌上裝睡。

這些情況主管當然看在眼裡，沒多久就請他回家吃自己了。

「膨風」自己的能力固然不可取，但你如果只有一門技術，還是處在尷尬的位置上，而且容易被貼上「技術員」的標籤，變得難以跨越專職人員的形象。

然而無論何時，利用價值越高的人就越搶手，這是不變的道理。「工欲善其事，必先利其器」，由於你是老闆手中賺錢的「器」，要是你能時時磨利自己，老闆當然會更加重視你。

在這個凡事講求績效的時代，有一種**企業愛用的人才，被稱之為「π 型人」，他們擁有兩種以上的專長，且可以創造兩倍以上的價值**。

紐約國際管理顧問公司總經理陳文敏，提到自己在紐約五星級飯店擔任中階主管時，除了具備出色體貼的服務技術，她還選擇了很少人學習的阿拉伯語作為第二外語，這也是她成功的關鍵。

她成為專門接待中東客人的「專家」，不僅通曉阿拉伯語，還熟知阿拉伯文化，令來自中東的客人大感親切。

由於她懂得發掘自己的優勢，因而在以白人為主的飯店服務市場中創造差異化。事實上，真正有消費力的正是這些來自中東的貴客，陳文敏選擇的第二外語成功創造了營業額佳績，並讓她以華人女性的身分升上飯店的副總，成為紐約飯店界的傳奇。

這個案例足以告訴你，**年輕人不必成為什麼都做、事事全包的八爪魚，卻可以成為像這樣具備跨領域專長的π型人**。

不管是否繞遠路，都是走過的路

「書到用時方恨少，事非經過不知難。」這句話出自南宋詩人陸游的詩，道出了經驗的重要性：就算聽別人說得再多，只要是自己沒經歷過的事，遇到時一定會感到困難。

有經驗的人一般較熟悉情況，在對事物的判斷上具有一定的準確性。職場上，資深的「老鳥」常扮演重要的經驗分享者。

當然，不到三十歲的你可能還無法成為企業中的資深者，但你可以把握每一次學習的機會，有一天這些經驗都會為你所用。

不經一事，不長一智，其中還包括了失敗的經驗。曾經有某一家大企業招募員工，經過嚴格的履歷篩選後，最後由該公司的總經理進行面試。這時，在場的一名青年舉手表示，自己並沒有通過資格篩選，但仍想參加面試。看守門口的老人笑了，經理也笑了，決定給青年一個表現自己的機會。

青年表示自己有多年的職場經驗，曾在十家公司任職過。經理不大滿意，認為他跳槽十家公司也太多了。

青年解釋自己不曾跳槽，而是那十家公司因為種種原因倒閉了。所有的人都笑了，覺得青年真是倒楣；看門的老人卻走了進來，認真聽青年說話。

青年表示自己曾試圖挽救那十家公司，儘管仍然沒有成功，卻從失敗中學到很多事，使自己比別人更有能力避免錯誤發生。

青年微笑著說：「**其實成功的經驗很難被複製，所以與其花大量時間學習成功的經驗，不如去研究別人失敗的原因**。我的經驗訓練出我對事物的觀察力，舉例來說，這次面試真正的考官，其實是這位老先生。」青年說的沒錯，那位看門的老人正是公司的董事長。最後，這名青年被錄取了。

所謂的「貴人」，往往是那些「不大熟」的人。

徒有技術，你只能待價而沽；擁有經驗，只能讓你的價格更好看一點而已；但如果你**掌握人脈**，那就不一樣了。

大前研一在「聰明人必做的十件事」中，列舉出的第一項就是「**儲存友誼**」。人脈的作用，在平時可能不大明顯；但你一定有非靠它不可的時候。人脈可以扭轉你在求職過程中「被選擇」的劣勢，增加你的主動決定權。

根據《富比士》（*Forbes*）雜誌調查顯示，近八成左右的受訪者是透過人脈獲得工作。若這項數據正確，那靠人脈獲得工作的方式，遠比上求職網或參加徵才活動都有效。

確實，有一半以上的職缺是靠人脈網路找人，而不是上求職網徵才。然而，這些職缺卻並非完全來自你的「朋友」，反而是那些和你「不大熟」的人，例如，朋友的朋友、親戚的朋友、甚至點頭之交的鄰居。**通常在這些人當中，會有人與某些具影響力的人有交集**。

但是年輕人反而會因為這層關係而自我設限，認為這麼做是抄捷徑、走後門，覺得是不怎麼光采的行徑。

然而，事實就是這麼嚴酷，你不願意用這條人脈，自然有其他人會用，而機會往往是有限的，我只能說：「It's all up to you.」一切由你決定。

而你的人脈除了替你開拓就業市場，同時也能成為你提高個人價值的籌碼。我有一位朋友，現在是美商公司的總經理，他分享自己兩次換工作的經驗，除了人脈為他尋覓到更好的工作機會，也由於他的人脈廣闊、影響力高，因而兩次都受到重用。

時值今日，凡事靠自己單打獨鬥的時代已經過去，靠年資升遷的想法也早已不切實際。

你如果不想再當個任人擺布的角色，就抓緊身邊任何可用的資源，作為加強自己的籌碼，否則終將為時代所淘汰。

跨領域的π型人才

「π型人」是由「東方企管大師」大前研一提出的概念。具有單項專業的人才，稱為「I型人」。雖然在專業項目上能獨挑大梁，但是只要一超出他的專業範圍，就與常人無異。

而π型人指的是具有兩種、甚至兩種以上專業才能的人。「π」讀音pi，源於希臘字母，為表示圓周率的符號。觀察「π」這個符號後，會發現它除了有兩隻腳，在雙腳之上還多了一個橫跨的平臺。

對於π型人來說，除了兩種專長使他的根基更加穩固外，由於跨領域的宏觀視野，也讓他在面對問題時，不會像I型人只能站在本位思考，而是從不同角度看待問題，自然可以比其他人獲得更好的成果。

23

你做過什麼不重要，做多久才是賣點

如果要你一份工作做滿三年，一千零九十五天，對你來說，是不是一個聽起來像是天方夜譚、非常遙遠的數字？

幾年前，我在廣告公司擔任主管時，曾經面試過不少新人，其中不乏國外名校畢業回國的海歸高材生。

這些在面試時總是告訴我，非常樂於迎接各種挑戰的新人，有的是早上才報到，下午就消失不知去向，連電話也不接，讓人擔心是不是發生什麼意外；或是花了一個上午熟悉環境之後，好一點的中午吃完飯回來，還會告訴你「這個環境不適合我」，誇張一點的就是傳一封簡訊說「我要離職」，然後就瀟灑離開。

其實我想不透的是，他們只上了半天班，憑哪一點說這份工作不適合他？坦白說，你對這份工作的了解，最多只有從辦公桌到廁所的動線而已。

我經常會聽到很多人說：「現代職場的流動率很高。」後來有人針對這些職場的「游牧族群」創了一個新的名詞，就叫做「液態族」。

記得我在剛進廣告業的時候，一度覺得這種「錢少事多」，且上下班不固定的工作實在太操，每個月薪水跟剛畢業的新鮮人差不多，不過當時公司的業務總監曾對我說：「當你剛進入這一行的前幾年，不要怕職位低、起薪低，因為你學到的會比領到的薪水更多。」

這番話對照我最常聽到的離職理由「工作內容不符興趣」來看，其實許多人根本搞不清楚自己到底想做什麼，只是藉著不停的換工作，來剔除自己不喜歡的工作內容。**利用刪去法來找到自己未來的興趣**，這樣的邏輯乍聽之下很合理，但是你卻忽略了這樣尋尋覓覓的過程，**必須付出昂貴的時間成本當作代價**。

我有一個朋友，曾經一年換過七、八個工作，「面試經驗」相當豐富，每次見面吃飯的時候，他都會開玩笑的自嘲：「你可以叫我衣冠楚楚的求職大師，也是衣冠禽獸的離職大使。」

儘管他聊天的語氣一派輕鬆，但這個朋友對於自己頻繁換工作的經驗並不自豪，他總是會以過來人的身分，告訴其他蠢蠢欲動想跳槽的朋友說：「你們最好要考慮清楚，有時候離職會變成一種慣性，每個月都在花時間適應新環境、新同事的生活，其實遠比想像中還更讓人疲累。」

尤其當你三十歲的時候，你的人生除了生存之外，另外還需要考慮到的是「**打好地基**」的問題，如果你從來沒有從工作經歷中學到東西，或累積自己的實力，甚至對於工作本身也缺乏熱情，那麼你之後在職場的高度，也只會停留在勉強維持溫飽的階段而已。

這幾年來，我的公司底下來來去去不少員工，很多都是做沒幾天就閃人。有人嫌工作重複性高，太過單調乏味，一心想要追求自由度高的工作，但請他們負責業務，卻又覺得經常碰釘子，還要給客戶賠笑臉很辛苦，有損他們的尊嚴。

現在的年輕人總是喜歡追求選擇的自由，在不同的選擇中搖擺，每天想著到底什麼才是對未來最好的決定？往哪條路走風險才最低又最安全？因而在高度自由的環境中不停的打游擊戰，進去一家公司不到一週就否決了一份工作，好不容易捱到一個月，就斷定這個行業沒有前景。

也許你會說：「長痛不如短痛，既然不適合，還不如早點離開。」但是我可以告訴你，各行各業，如果你沒有長時間將自己浸淫在這個領域中耕耘，你根本看不到門道，兜兜轉轉終究只是個門外漢。到處打游擊的策略雖然很靈活，可是到最後，只有懂得打持久戰，你才能累積出真正的成績。

如果幾年後，當你發現自己身邊的同學、朋友、同事一個個都混得比你好，你就會忍不住抱怨人生為什麼這麼不公平？你明明在校成績比較優秀、學歷更高，口才也比較好，**為什麼其他人爬得比你快也比你高？**

因為，你比他們更不穩定。

聯強國際集團的總裁杜書伍在進入神通電腦之後，他並不只安於當一個基層的電腦工程師，每個月領一份可以餬口的薪水而已；他除了寫程式之外，還主動拓展了他的工作領域，不再只是在後端開發電腦，而是進一步熟悉業務的推廣，以及公司的經營管理。

杜書伍花了八年的時間摸熟每個領域，了解一家科技公司的裡外運作，當時他才三十二歲，而他之後在這家公司更是一待就是三十年。

我曾看過一份很有意思的統計數據：美國哈佛名校畢業校友的第一份工作，對於他們日後的事業成敗，其實沒有什麼太大的影響。簡單來說，起跑點高未必就能贏到終點，一個人的成就，往往必須花一段時間漸進累積。

坦白說，當你即將邁向三十歲大關的時候，你已經站在成敗的十字路口，沒有多餘的時間可以讓你走馬看花，或不斷換工作來實驗自己的人生方向了。

很多年輕人換工作只是為了擺脫前公司讓你每天都很厭煩的環境，結果到了新的公司，才發現其實和原來的地方沒什麼差別。老闆還是天天要求一堆；同事依然搞小圈圈、勾心鬥角；客戶不管在哪裡，態度都是一個樣；連同你的薪水，這個世界彷彿根本沒變過。

唯一改變的是，你的年資又再度歸零重新計算。

二十來歲的時候，或許你還有「游牧」的本錢，但如果你總是一份工作做不到幾個月就走人，寧願勤奮換工作也不願勤奮做工作，如此你就必須冒著三十歲之後，可能淪為沒房、沒車，也沒有存款的「遊民」的風險。

職場「液態族」

「液態族」在職場上，往往不會固守同一個工作領域，總是騎驢找馬等待著跳槽換工作的機會，有如流水一般，不斷的在不同的職業和公司之間流轉，生活中充滿著各式各樣的變數，因此被稱為是有如水一般、缺乏定性的「液態化員工」。

「液態族」最明顯的特質是經常對現況不滿意，自認為各方面條件比人更好，卻始終沒碰上機會發揮，以至於只要一點小事就想離職。比如說，老闆不好相處就換公司、客戶找麻煩就再換另一家公司、同事難相處也要趕快跳槽！

液態族「此處不留爺，自有留爺處」的想法所產生的後遺症，就是之後**只要遇到一點困難，就不再思考如何解決問題，只會用重新換個工作來逃避**，當然下場就是越換對自己越沒有信心，漸漸的，除了跳槽和面試，什麼事情都不會。

而這種習慣性跳槽、不夠穩定的工作態度，很容易在經濟不景氣時，淪為被裁員的主要族群。

24 三十歲你站哪裡，決定你一輩子爬多高

有次出門，我搭上一輛計程車，仔細一看發現，開車的司機竟然是我大學時期，比我大兩屆的學長。畢業之後至今，我們已經有十幾年沒見面了。

記得在學長畢業之前，我們曾經一起吃過一頓飯，他跟我說，他的理想是自己經營一家汽車租賃公司。但因為剛出社會手頭上沒有資金，加上又有經濟壓力，為了生活，他決定先去開大夜班計程車。

當時學長最常掛在嘴邊的一句話就是：「我開計程車只是暫時的。」照他那時的說法是，在當老闆之前，要先知道司機的想法是什麼，所以自己要先去當司機「了解基層」。

沿途我們聊了彼此這些年的近況，學長說自己在三十歲以前幾乎三天兩頭就在換

工作，當時覺得轉換跑道是一件很簡單又很容易的事情，這個工作做不慣，再找一個就好了，就這樣隨心所欲的在許多不同的行業間，打滾了六、七年。

學長後來很感慨的表示，他到了三十歲之後才發現，自己已經離專業技能太遙遠，**除了比剛出社會的新鮮人多了那麼一丁點社會經驗外，根本一無所有**。他又說：「我現在去應徵助理的工作被人嫌太老；去應徵業務，又拉不下臉開口求別人。明明四肢健全，但真正想做的工作卻連面試的機會也沒有。」

最後，學長有點落寞的下了結論：「現在我也只能『暫時』替人開計程車，總是要混口飯吃，不然小孩要養、房貸要繳，還能怎麼辦？」聽著他說話的語氣，已經不再像從前那麼意氣飛揚。我沒有開口問他是否還記得，自己從前說過的理想和目標，因為我知道，十幾年的時間，**社會的現實幾乎可以磨光一個人對理想的鬥志**，所謂的「暫時」，大部分都是自欺欺人的藉口罷了。

當然，你也可以怪自己八字不夠好，為什麼永遠走不到你的十年大運？但回過頭來仔細一想，像我學長那樣，在職場繞了一大圈，還是回頭繼續開一天十二小時的計程車，為了柴米油鹽房貸團團轉，這一切說穿了都是自己的決定。

很多人在二十幾歲的時候都認為，人生還有大把時間可以揮霍，如果一家公司待不下去，不妨就享受「開除」老闆的自由，卻渾然不覺**在三十歲之前的這段時間，是決定一個人未來成就的關鍵**。

「心態」站在哪裡，注定你就只能站在那裡

其實，職業本身並沒有任何高低貴賤可言，問題在於，有很多人終其一生都在做「得過且過」的工作，毫無理想和目標。你的職業在未來的二十年能創造多少價值，除了取決於當下對工作的領會之外，你更必須找到自己在職場上的「立足點」。

我認識幾個二十幾歲的臨時演員，他們不同於我姪女的玩票心態，而是很認真的想要爭取演出機會，因此在拍戲現場積極與執行製作建立良好關係，也確實爭取到許多戲劇與廣告試鏡的機會，努力累積自己在這一行的價值與經驗。

我也在便利商店和許多年輕店員聊過天，發現有些店員來到這裡，只是為了打發時間，有薪水領就好；但有些店員卻非常有目標，把他現在所做的每一件事都當作學習，用心體悟大公司是怎麼經營零售門市，為的就是希望有朝一日，能申請內部轉職，進入總公司往更高階的職位發展，或是將來也能開一間屬於自己的店，一圓當老闆的

夢想。

再說計程車司機，我認為這是全世界競爭最激烈的工作，因為只要有人失業或退休沒事可做，開計程車就成為求生存的首選，因此又有更多人來分食，這原本就已經過度飽和的市場。

但是，同樣開計程車，為什麼有的司機可以月入十幾萬元，有些司機其薪水卻連油錢都不夠補貼？

說穿了，就是雙方**對待這份工作的「心態」不同**。很多媒體報導，前者是把自己定位為「移動的城市夢想家」，所以積極提升自己的價值，先用貼心的服務穩定老客戶，再發揮導遊的專業，載著顧客去各大觀光景點時，還能順口講解其特色與美食，想盡辦法提高每一趟出門的產值；但後者就是每天在路上漫無目的的瞎晃，消極期待路邊的有緣人招手上門。

眼前這個年代，早就已經變了，不再是只要找到能捧著一輩子的「鐵飯碗」，就能安穩等待退休。現實的情況是，你我都必須在這場令人窒息的「飢餓遊戲」中，努力生存下去。但無論時代怎麼變，唯一不變的是，**你的「心態」站在哪裡，都將決定以後你會站在哪裡**，決定你一輩子能爬到哪個位置。

趨勢專家大前研一在三十二歲時，出版了他的第一部作品《企業參謀》，這本書不但在日本非常暢銷，同時在世界各國也獲得極大的迴響。從這本書出版後開始，大前研一不但正式被推到世人面前，同時決定了他未來的成就，他不再只是個普通的分析師，對於世界，他扮演著舉足輕重的角色。

有一個調查數據指出，有八〇%的人生大事都發生在一個人的三十五歲以前，**三十歲之後的你，只不過是在延續自己二十幾歲時所做的決定**。

所以，趕快清醒吧！

如果你直到現在都還沒有意識到這一點，那麼在短短的幾年後，你將付出現在沒有預見的慘痛代價。這不是老人言，而是一個老江湖在社會打滾多年後，給你發自內心的，最誠懇的建言。

4

「貧性循環」要人命，你得打造自己的印鈔機

25 不知道什麼是「貧性循環」，窮一輩子

我常對幾個背負卡債的朋友說，他們之所以成為窮人或卡奴，不是因為沒工作或工作偷懶，而是不懂「貧性循環」的強大威力。

到底什麼是「貧性循環」？

所謂的貧性循環，就是當你**沒錢或錢不夠用時，仍用透支的思維和策略，去滿足現在的不當需求**。結果，這些自欺的策略，將導致你未來更貧窮。

例如，月領兩萬五千元的窮白領，賺來的錢不是拿來充實自己或考證照，而是吃喝玩樂或買包、買衣服花掉，甚至花到下個月的預算，導致負債越來越多，結果只能一輩子做體力活這種低階工作，每個月的薪水到手，有一半以上都要還債。

可想而知，他未來的收入和生活品質將更糟糕，注定一輩子都是窮人，再也無法

翻身。

我有位朋友在生技公司擔任高階主管，據我所知，他一出社會就開始為了存第一桶金做準備。然而，很多年後，他的存款卻遲遲沒有破十萬大關。

有一次，我忍不住開口問他，當主管一定收入比較多，為什麼帳戶水位仍然這麼低。他嘆口氣說，本來也以為薪水變多就能存到錢，沒想到反而因為賺得多，結果花得也多。

例如，以前騎機車上班覺得稀鬆平常，當了主管後覺得自己的身分已經不同，應該要跟基層員工有所區別，於是貸款買了一輛名車代步。

除此之外，為了拓展人脈，各種來往應酬根本無法避免，去的地方又都是高檔餐廳，每週一次就快吃不消，何況有時候還要跟自己的家人和朋友聚會出遊，再加上平均三個月就出國一次，實在讓他存不到什麼錢，甚至還會動用到信用卡的循環利息，每個月只繳最低金額。

我聽了大為震驚，像他這樣的高級知識分子，也會不自覺踏入「貧性循環」的陷阱，更何況是一般的藍領、白領朋友。

老實說，這是很多上班族都會犯的錯誤：上一秒立志要成為有錢人，下一秒卻開始失心瘋般的消費，結果讓卡債利息和債務，像滾雪球一樣，每分每秒日夜不停的越滾越大，直到雪球把自己壓死，還不知自己做了什麼傻事。

所有靠勞務收入的朋友，你們一定要知道，自從二〇〇八年金融海嘯過後，全球經濟就像雲霄飛車一樣急速下墜，最可怕的是至今仍然持續低迷。

唯一表現亮眼的，大概只有節節高升的通貨膨脹率和CPI（consumer price index，即消費者物價指數），而且這個上升趨勢就像煞車壞掉的高鐵，永遠沒有回頭與減速的可能。

比如說，本來一碗五十元的麵，悄悄漲到了六十元，或是有些商品雖然價格上沒有變動，但內容物明顯減少或有偷工減料的嫌疑，這就表示從前你花一百元能買到的商品，現在必須花更多的鈔票才能擁有。

因此，你千萬別以為現在存起來的一百元，到了明年還會有一百元的價值。

此外，你必須勇敢面對的殘酷事實是，或許你的薪水現在夠用，但在資本主義的肆虐下，如果你的加薪幅度，無法超越CPI和通膨率，那麼，不管你再怎麼努力工作，你的收入將永遠只夠讓你吃泡麵。

這時候，如果你不僅花掉勞務收入，還動用借款去消費，那麼，你的資產將永遠是「負的」，一輩子只能為了還債而活。

說白一點，「貧性循環」就是老是用「借來的錢」去消費，每花一元，就連帶產生「循環負債」兩元或更多的錢。

所以，變富的人和變窮的人最大差異就在於，**窮人是用「收到或領到的錢」去消費，富人則是用「賺來的錢」來享受生活**，可想而知，窮者越窮，富者越富是很自然的事。

總之，所有靠勞務收入的朋友，如果你想脫貧致富，在學會打造自己的印鈔機前，要做的功課是先搞懂「貧性循環」這個事實，讓你的負債止血，讓「貧性循環」踩煞車。從這一刻開始，再也不要愚蠢的把薪水或預借現金，拿來啟動「貧性循環」的漩渦。否則，我相信你三十歲後，甚至四、五十歲後的生活，絕對是一場惡夢。

富性循環 vs. 貧性循環

「富性循環」是相對於「貧性循環」的一種財務觀念，一般人靠勞務賺取「收入」去「支出」消費，永遠活在一上一下的波段循環。而富人的「富性循環」，是懂得建立一套**用收入累積更多收入的系統**，這樣的系統是一種乘數法則，有別於「貧性循環」的加減法則。

華倫．巴菲特（Warren Buffett）因為建立自己的一套資本管理系統，以其睿智的投資策略眼光，持有多家賺錢企業的股權，累積了龐大財富，形成一種富性循環。很多人稱他為股神，其實他並非十分熱衷於股票操作。

若沒有「富性循環」的觀念，就算因為投資賺了錢，再把錢花掉，一樣會落入「貧性循環」的陷阱。又比如買了一棟房屋作為投資，每個月拿出勞務收入來繳房貸，在還沒有賣掉之前，並不能真正為你累積收入。但如果把房子出租，收取租金來付房貸，或是再累積財富去購置別的房產，便能發揮乘數效果。

「富性循環」並不是狹隘的買股票或是置產投資，懂得脫離貧性的萬惡循環，洞察並實踐「富性循環」的人，將能達到財務自由的人生目標。

26 你口袋裡的一百元，只是一張紙

如果看到地上有一百元鈔票，幾乎九〇%的人，都會毫不猶豫把它撿起來；相反的，若是換成一張普通的紙，會撿起來的人，應該只有辛苦維持環境整潔的清潔人員。不過我要告訴你，其實一百元鈔票，也只是一張有數字的紙而已。

人類最初的交易模式都是以物易物，用自己有的東西去換別人的物品。後來因為社會型態逐漸發展，「等價」的概念漸漸取代「對價」（按：單純的交換關係，商品價值不一定相等），於是開始有「交易媒介」產生，從最初的貝殼幣，不斷改良成現在有面額的鈔票。

鈔票其實就是在資本主義的框架下，衍生出的公平交易媒介，因為數據化，商品的價值可以直接用價格定義。除此之外，不只實體商品能夠被標價，連無形的服務都可以換算成具體的費用，例如去餐廳吃飯的一〇%服務費。

但是，這也意味著有更多的錢，才能得到更多更好的東西，於是資本主義開始發展，每個人都向「錢」看齊。擁有越多鈔票，就等於越高的社會地位，形成「個人價值鈔票化」的扭曲現象。

只不過，鈔票的價值隨著經濟環境變動，本身並沒有「絕對價值」，唯有依附著資本主義，才會被賦予人人都想追求的光環。以現在經濟仍在衰退的情形看來，鈔票每年貶值似乎勢在必行，相對的，通貨膨脹卻不斷大幅上升，在互為消長的態勢裡，鈔票價值正以你想像不到的速度持續下跌。

很多上班族就是因為不懂這個道理，只要存款增加就覺得自己正在往有錢人的目標前進，減少就開始擔心自己好像變窮了，心情跟著鈔票數量起伏，少一張、多一張都像發生重大新聞一樣。

我有位朋友之前去逛夜市時，隨身包包忘記拉上拉鍊，當她要買東西才發現皮夾不翼而飛。之後在朋友聚會中碰到面，她談起這件事還依然一副忿忿不平的樣子，我以為是損失很慘重的緣故，沒想到她說皮夾裡只有一張百元鈔票，以及剛儲值一百元的悠遊卡。

竟然為了兩百元耿耿於懷，實在是令我覺得非常不可思議，也讓我替她的未來感到憂心。**假如只對眼前的鈔票數量有感，卻對大環境的趨勢無感，這種人絕對會成為資本主義下的淒慘受害者**。

資本主義既然有能力賦予鈔票價值，摧毀它當然也不是問題。你擁有的鈔票越多，並不代表你的財富就會跟著增值，唯有「資產」，才能讓你真正脫離貧窮又痛苦的上班族行列。

上班族的薪水與有錢人的資產，兩者之間的差別在於，薪水固定不變，每個月領到的數目都一樣，是用血汗換來的報酬；而資產卻可以替你帶來可觀的經濟利益，又不必天天爆肝的拚命加班，身體健康與財富可以同時兼顧。

比如說房屋就是一項資產，前提是它並非呈現閒置的狀態。如果你只是單純買下來不作他用，頂多只能算是所有物，要是出租給其他人收取租金，當大家口中的包租公、包租婆，你才算擁有能脫離貧窮的真正資產。

此外，相較於容易隨著利率與CPI變動而貶值的鈔票，資產具有保值的特性，在未來還有大幅增值的潛力，只不過我要提醒你，並不是擁有一間準備出租或是轉賣的房子，就能夠晉升資產階級的行列。

像我有一位朋友，好不容易存了一筆錢，想來想去還是決定先置產，這樣就算退休之後，不管是當房東收租金，或是把房子賣掉賺差價，都是進可攻、退可守。由於覺得市中心的房子實在貴得離譜，於是最後他在郊區買了一間套房，價格還不到市區相同規格套房的七成。

結果，因為附近人潮少，商業機能不夠完善，距離鬧區又遠，根本就沒有人要來租房子。除此之外，這片區域也並未列入公部門的開發計畫，以長遠來看幾乎沒有增值空間，於是他陷入要被繼續套牢，或是忍痛認賠賣出的兩難局面。

既然你現在已經明白資產的重要性，接下來該思考的，已經不是如何增加鈔票的數量，而是要怎麼擁有使財富倍增的資產。首先，你必須具備挑選目標的精準眼光。

從現在起，你必須多涉獵財經趨勢與時事議題，了解整體經濟的走向，不要再把時間花在看沒營養的八卦新聞上。

如果二十幾歲開始培養敏銳的市場洞察力，三十歲後你就有很大的機率選中潛力資產，替未來的日子奠定財富基礎。否則，一旦通貨膨脹失控，鈔票瞬間變成廢紙時，你能做的，就只剩下睡在路邊等著慈善團體救濟。

資產與資本

資產（Asset）是指企業或自然人擁有或控制的經濟資源，能以貨幣衡量，並帶來經濟利益，亦即產生現金的流入。

資產又可分為：固定資產如房屋、土地等；流動資產如現金、活期存款等；無形資產如商標權、專利權、著作權等。

依據期限的長短也有分長期、短期資產。不論是有形還是無形的資產，其價值都可能隨時間減損或增加。

資本（Capital）是指投入生產經營，能產生效益的資金。英文 Capital 一詞源於拉丁文 Caput，原意為家畜之頭數計算單位，在游牧時代，家畜代表生財工具，資本最初即有本錢的意思。隨著時代的改變，資本的含義更為廣泛，為了達成生產營運需求，運用初期取得的資金購買土地、廠房、設備、原料、聘僱員工等，都屬於資本。

如果從經濟學、會計學或公司法等不同角度來詮釋「資本」，又各有廣義跟狹義的解釋。

27

太在意薪水的人，都是不愛錢的人

在職場打滾幾十年來，我發現一個很荒謬的現象，那就是往往那些愛計較薪水差幾百元，或犯錯造成公司損失，也不願被記過扣薪的人，表象上看起來很愛錢，實際上卻是把未來更多錢和財富，往外推的笨蛋。

相反的，真正愛錢、擁有財富自由的人，他們的驚人收入都不是來自於薪水。

從前有個窮人，一心只想去工廠賺點薪水過日子。

有一天他到河邊洗碗，發現水裡透出眩目光點，他伸手去撈，才發現河床裡散布著一堆彩色玻璃彈珠。

於是，他把玻璃彈珠拿起來裝在口袋，再把它們一顆顆丟到水裡。他聽著彈珠掉入水中的咚咚聲，覺得很好玩。

第二天，他回去工廠上班，在換工作服時，他口袋中僅剩的一顆彈珠掉了出來。這時，站在他身旁的大叔看了，撿起來愣了半天說不出話來，後來才直呼這是價值不菲的寶石。

原來，這位大叔以前曾在銀樓打工，所以知道這個寶石的價值。突然間，窮人放聲大哭起來，因為他竟然不知道，他所認為的彩色彈珠，竟然是如此珍貴的寶物。

同樣的道理，對於那些年輕窮白領來說，他們眼裡只認得薪水，卻認不出**工作技能和經驗，才是真正價值不菲的寶物**。

三十歲前累積經驗和工作技能的人，就能在三十歲後，把口袋裡的珠寶換成驚人的財富。而且，這些珠寶是活的，大珠寶會再生小珠寶，小珠寶會再長成大珠寶。

然而，三十歲前只知道累積微薄薪水的人，三十歲後才會發覺，自己過去竟然笨得把價值連城的珠寶，當成玻璃彈珠並用來玩打水漂。

很多三十歲的年輕人告訴我，在這個凡事都需要錢的社會，只有手上握著薪水和鈔票，才有安全感和存在感。

不幸的是，他們看不透，他們的薪水根本不算是財富，充其量只是出賣時間和心力，換回的一把把不停貶值的紙鈔而已。

事實上，在這高ＣＰＩ和負利率的時代，紙鈔根本不等於錢，紙鈔只是錢的一種表現形式。

真正的錢是不停變大或縮小的，它的價值每天都在浮動，甚至在這個時代，每天都在貶值衰老。

當你看不透鈔票這個東西的真面目、看不透資本主義運作的原理，你根本就無法真正認知到「錢」的真義，那你如何去真正愛「錢」？

如果錢是一條活魚，那麼，鈔票只是一條魚乾。

有錢人早就看透這點，於是，他們為了擁有很多鮮活的魚，寧可花好幾年的時間和資金，去建造一個魚池，在裡頭繁殖著許多的活魚。

當他們心血來潮，想抓一條活魚來煮湯，只要去池子裡撈就有。撈了一條魚，池子裡仍會生出更多魚苗，如此源源不絕的活魚來源，就是他們財富永不匱乏的關鍵。

相對的，那些手上緊緊握住魚乾的人，就算把魚乾丟到池子裡，也終究是魚乾。當他們吃了一條魚乾，就少了一條，吃完了魚乾，就只好再去出賣老命換魚乾。

愛錢不是罪惡，有錢人也不是罪人。如果你真的不想一輩子被錢困住，不想一輩子因為錢不夠用而苦惱，那麼，你就應該在三十歲前，讓自己成為真正愛「錢」的人，而不是只愛薪水和鈔票的笨蛋。

話說回來，如果你只想緊緊握住鈔票，斤斤計較薪水少了幾元，不肯花錢投資自己，多學技能或擁有專業證照，甚至不肯在職場裡多做、多學、多看，用心提升自己的競爭力，讓自己成為不停增值的珠寶。那麼，不僅是三十歲後，甚至到四十或五十歲，你也只能把魚乾切成更多小塊，苟延殘喘走完人生路。

28 這個時代，多數人都口渴卻又渴不死

現在這個年代，薪資不但趕不上物價上漲速度，甚至還出現倒退的窘況，這讓二十幾歲的年輕人充滿了無力感。很多年輕人告訴我，他們就像是拚了命的打水，卻怎麼樣也游不上岸的**青貧世代**。

除了薪水低之外，更悲慘的是還有學貸要還。有個三十歲的年輕人跟我說，這幾年光是為了還學貸，還有繳交保險等費用，他一個月不吃不喝就要花兩萬元，兩萬多元的月薪完全不夠用，「幸好」他還住在家裡，否則如果在外租房，他簡直不知道該怎麼活下去。

即便不吃泡麵，他也只能省吃儉用，吃一些便宜的食物果腹，路邊攤的滷肉飯與夜市十元麵包，就是他餐桌上最常出現的食物。

「物美價廉」這個名詞，本身就存在著迷思，因為任何事情都有相對應的代價。當環境逼得窮人買不起高價食物，只能吃便宜食物的時候，廠商為了降低成本，就開始生產黑心布丁和永遠不會融化的冰淇淋，製造化學醬油和毒澱粉，這一切種種的行為，都只是為了讓你吃到「俗又大碗」的食物。

每隔一段時間就會爆發的「食安問題」，某種程度來說，無疑揭露了這個「貧性循環」的冰山一角。

物價上漲，但是薪水卻「聞風不動」的時候，會直接造成許多人改變日常生活的消費行為。既然沒有辦法阻止通貨膨脹，就只好讓自己少買一點，或是退而求其次，買更便宜的東西，因此**廉價商品就成了替代方案**。

同樣的，店家面對原物料和油電雙漲等不斷上升的各種成本，如果還想要走平價美食路線，唯一的選擇就是使用各種黑心食品、用色素染色、加入化學香料提味。這就是在目前的社會現況下，每個人必然都要面對的悲劇。

以某間知名餐廳為例，一開始他們從收購倒閉餐廳起家，掛牌上市之後，為求營利數字漂亮，可以給股東一個交代，因此他們除了控制人事成本外，另一方面也盡量壓低進貨成本，於是用劣質牛肉組合成牛排，甚至賣出含有瘦肉精的毒牛排。

經濟不景氣，窮人的低收入只能吃便宜的食物，垃圾食物的成本低廉，商人往往用的是最便宜的食材，或是加入許多防腐劑和化學添加物。

這就是為什麼窮人在醫療方面的支出往往比富人更多，因為窮人長期吃垃圾食物導致身體變差，看病需要花一大筆錢，於是窮人變得更窮。

當然你可以選擇不吃不喝，拚命工作試圖掙脫貧窮的枷鎖，但是過程中只要發生一點意外，你就只能再度被打回貧窮的原點。

「一分錢一分貨」的道理大家都懂，只不過，當窮人必須付出更高的收入比例，才能滿足過去的生活所需時，顯而易見的，這個道理頓時成了口號。

之前因為工作的關係，我認識了一個音樂製作公司的宣傳，他的月薪不到三萬元，扣掉每個月的基本開銷，實際的生活費只剩四千元左右。

這筆微薄的生活費，相當於一週的飯錢、交通費加上其他雜費，只有一千元可以花。於是他省下早餐錢，中午也不敢跟同事一起出去吃飯，只能一個人默默吃著便利商店促銷的國民便當，到了下午真的餓到難以忍受時，就猛灌公司提供的茶水來充飢。

他愁眉苦臉的告訴我：「連續吃了三個月的超商便當之後，現在一聞到微波爐的熟食味道就想吐。」

不吃飯會餓死，但是吃了垃圾食物又等於慢性自殺。然而，窮人只能跟現實低頭，只能「先求有再求好」，先想辦法活下來，再看看有沒有翻身的機會。

有人說，食安危機是因為民眾習慣貪小便宜和買便宜食物的關係，但是，在普遍低薪的情況下，說句難聽點的話，如果今天有好日子可以過，又有誰會想要當畜牲？

大環境造成的低薪問題，對於一個二十幾歲的上班族來說，不是憑你一個人的力量就可以改變，但是最起碼，你不必跟著大家一起飲鴆止渴，而是要想辦法在三十歲之前，探勘出替代水源的位置。

當每個人都無法避免活在這個口渴卻又渴不死的年代時，**只有挖掘出一口新的井，才能真正止渴**，不必再盲目的踩入惡性循環的流沙之中，並終結這場永遠醒不過來的窮人惡夢。

29 什麼樣的收入，算是「印鈔機」收入？

只要人們需要食衣住行的一天，CPI就會存在一天，不管你願不願意，我們早已經置身於這場無法逃脫的生存遊戲中，你只能選擇繼續玩下去。

然而，現在的上班族就算財務已經處於紅色警報之中，仍然被固定的「貧窮思維」綁架，對於未來的想像，僅是找到一份薪水不錯又穩定的工作，或是想辦法考上公家機關，再不然就是靠著平常收集折價券，東扣西扣的省吃儉用。

過去長輩常對我說，所有的小錢都得省下來，連一元都不能亂花，這種想法或許幾十年前還能讓人安穩到老。但在**如今高CPI、低所得的年代，如果你還是用同樣的想法過活，那就等著被逐步上揚的CPI蠶食鯨吞**。

當你的勞力只是別人「工作系統」的一部分時，代表你的財務「主動權」不是掌握在自己手裡，而是落在別人手上，這其中的問題，並不只是單純每天要看誰的臉色過日子而已。

想一想，萬一哪天你不幸被裁員，或是剛好又遇上一次金融風暴被迫休無薪假，甚至是哪天不小心發生意外喪失工作能力，頓時你將面對收入全部歸零，還必須支付貸款和水電費的悲慘窘境。

當你的身體逐漸老化，對工作付出的勞力慢慢降低，你的工作所得再也無法應付各種需求的時候，就是負債和貧窮的開始。這也就是為什麼，我們需要一臺屬於自己的印鈔機。

我有一個朋友，十幾年前認識他的時候，他大學剛畢業，第一份工作是攝影助理，然後慢慢從小助理熬成婚紗照攝影師，早年行情好的時候，他每個月的收入頗為可觀。不過，隨著這一行競爭越來越激烈，在市場逐漸飽和的情況下，收入早就不復以往。他不得不開始思考，這種背著相機上山下海的日子還能夠撐多久？他能拍到五十歲還是六十歲？

後來這個朋友決定成立自己的攝影工作室，直到那時，他才真正賺到人生的第一桶金。他的營運範疇從婚紗攝影到婚禮攝影，再把觸角延伸到寵物和小孩攝影，以避開婚禮淡季的風險。

短短數年，他從臺灣到中國，接連開了十家分店，專攻不同的群眾市場，每個月的營業額，都穩定的達到數百萬元。

如果他始終抱著窮人思維在接案子，總有一天會面臨無法用勞力工作，被市場淘汰的一天。但在建立一套系統後，他就不再是自己一個人赤手空拳拚經濟了。

即便是電視上看起來光鮮亮麗的偶像藝人，也知道藝人的黃金歲月非常短暫，因此藝人們紛紛將所得用來投資副業，而某位當紅知名偶像藝人，就很懂得為自己建立系統，打造屬於自己的印鈔機。

一開始，他除了拍戲唱歌，也在網路拍賣自己使用過的帽子或T恤，獲得粉絲的廣大迴響後，再推出個人自有品牌服飾，接著更進一步將收入轉為房地產投資，在世界各地置產。

當這個藝人開始成立自己的工作室和軟體公司的那一刻起，他就已經轉變成印鈔機模式了，現在，他甚至可以將拍戲唱歌當成興趣，不用擔心下一個通告在哪裡。

因為每天有數百個人努力為他工作，鈔票不斷流入他的帳戶，他可以盡情投身在最愛的演藝事業中，沒有後顧之憂。

一個人不可能口渴了，才拿著水杯到河邊裝水，想要時時都有水可以喝，你就必須建立一個源源不斷的「系統」。

在系統建立之初，或許你必須用水桶提水，但接下來就要試著拉水管接水，最後更進一步匯集資源，建造水塔和水庫來儲水。只要系統建構完成，你就能享受只要一打開水龍頭，就有水可以喝的生活。

我能體會一個二十幾歲普通上班族，在高度競爭的環境下，日子過得有多苦，但是再怎麼艱難，你還是有從谷底翻身的機會。

在三十歲之前，你想扭轉窮一輩子的命運，就要想辦法為自己量身打造一臺印鈔機。比起買個紫水晶洞放在家裡招財，還不如創造一套系統，這才是真正「適者生存」的致富法則。

糧食危機對消費者物價指數的影響

據聯合國統計，二〇〇八年世界糧食儲備僅剩四・〇五億噸，只夠人類維持五十三天，為三十年來之新低。當時許多國家為了自保均限制出口糧食，全球糧食價格上漲，而引發糧食危機之說。

時至今日，雖然作物並未減產，但全球糧食供應短缺和糧價不斷攀升的問題持續存在。除了全球人口增加這個因素，近年來氣候異常、天災不斷也是主因之一，像二〇一二年美國遭遇五十年來最嚴重的旱災，玉米和大豆價格漲幅達史上新高。仰賴美國進口玉米、大豆的臺灣，原物料價格也悄悄上漲，甚至突破二〇〇八年糧食危機最高價格。

這些飼料作物成本增加，也意味著奶蛋肉類等食品價格連動上漲。食品價格在整體消費者物價指數中占比是相當高的，在這樣的蝴蝶效應之下，通貨膨脹的壓力隨之而起，影響力很快就傳遞到消費者的錢包。

另一項導致農產品供需失衡的原因，則是糧食能源化的問題。全世界為了減少對石油的依賴，紛紛以穀物作為替代能源。像是利用玉米能生產乙醇，所以玉米除了可以拿來餵飽牛隻、當作餐桌上的食物外，還能用來灌滿汽車油箱。

由於穀物的生產已追不上需求量，如此也導致糧食價格無限上漲，連帶影響了整體消費者物價指數。

30 最小的印鈔機，也需要幾百個零件

很多年輕人畢生最大的夢想就是開一家咖啡店，但是根據統計顯示，這些開了咖啡店的人，最後只有二〇％的人能成功。也就是說，每十家咖啡店，存活下來的只有兩家。仔細分析他們失敗的原因會發現，原來這些人當初**普遍都是抱著「試試看」的心態開業**，因此只要短期營收不佳便關門大吉，難怪印鈔機永遠運轉不起來。

如果再分析這兩家經營成功的咖啡店創業者，會發現他們都有一個共通點，那就是他們打造印鈔機的決心非常堅定，而且會有計畫的寫下創業企畫書。有些人甚至早在開店前好幾年，就去學習沖泡咖啡的技術，努力學習經營咖啡店的專業知識，他們都帶著一開店就要成功的決心。

但我看到很多年輕人，創業常常都是一頭熱，有人是因為一時興起，有人是一時

對主管不爽，就決定創業，然後一股腦的把所有資金全部投注下去，在開業前完全沒有做過任何調查。

有個年輕人曾經跟我說，別說開咖啡店，就連要在夜市做個小本生意都很不容易，他告訴我，還是安分當個上班族就好，至少每個月一定有薪水。原來他大學時代為了賺取零用錢，決定去夜市擺攤，賣起女學生最愛的飾品和項鍊。他每天提著皮箱去夜市，不但得面臨貨品賣不掉的風險，還要面對攤販的「天敵」警察。

他又說，當初為了取得較低的進貨成本，所以在盤商的遊說下，牙一咬，便把當月所有的生活費全部砸下去囤貨，結果因為不清楚女性消費者喜歡的款式而滯銷，最後滿滿幾大袋的庫存，成了一堆壓垮他生活的無用石頭。

他還告訴我，飾品賣不出去已經夠擔心了，更嘔的是，只要當天收到警察一張罰單，當天不但沒收入還得倒貼。他說，每次只要想到這段慘敗的經驗，就嚇得他決定「安分守己」，不敢再有任何打造印鈔機的念頭。

後來我問他，你一個大男生為什麼要去賣女生的飾品？他說，因為他看夜市裡的飾品好像很好賣，成本又低，而且只要一個小皮箱就能做生意，不用擔心店租問題，所以他也沒想那麼多。

我告訴他，你雖然勇氣可嘉，但是你的行為跟自殺沒有兩樣。

我說，即便是上市上櫃的大集團在開店時，也一定會經過審慎評估。國內有家知名鞋業的老闆告訴我，他們每開一家門市，一定會做好商圈調查，甚至同樣一條馬路左右兩側的店面，也有所謂的「陰陽之分」。他們會在仔細精算營收之後，才決定是否承租該店面，以及承租多長的時間，以免屆時因營收不佳而受到租約的牽制。

這一切的精算，都是為了讓投入的成本能回收，但我看到許多年輕人，只是盲目的憑著一股衝勁，然後鎩羽而歸。

有些年輕人甚至以為，只要選擇加盟就萬無一失，事實上，受到加盟總部拖累的加盟主不在少數，雙方甚至因此對簿公堂的事件時有所聞。如果你連在加盟前做功課的動作都懶，沒有事先訪問已加盟者的意見，僅憑總部的三言兩語就決定加盟，那麼當你合約一簽下，就立刻被綁死在合約中不能翻身。

打造印鈔機前的評估絕不可少，而且必須反覆評估之後再行動，因為創業是對自己人生負責的決定，而不是隨興而來的浪漫與冒險。

我告訴這個年輕人，無論是多小本的生意，創業前只憑「感覺」而不做任何市場調查，根本是形同賭博的行為，很容易就讓你輸得一屁股債，陷入萬劫不復的深淵。

當然，所謂的市場調查，也不是要你花大錢找大公司做問卷，畢竟創業初期資金有限，每筆錢都必須妥善運用。

你可以先從目標市場裡，精準的**找出目標消費者**，這些人有可能是你的親朋好友，你只要和這些人聊天、深入探詢他們的意見，大概就能有初步的概念，接著再由這些概念延伸發想，如此才能一步步精準建構你的印鈔機藍圖。

打造一臺印鈔機，就如同生養一個小孩，當你決定打造一臺印鈔機時，所有的環節都必須考量周到，就算只是一個小如攤販的印鈔機，也有幾百個零件要組裝，有很多經營「眉角」要考量，絕對不是把貨批來就一定能賣掉這麼簡單。

打造印鈔機的目的是為了賺錢，不是讓你作為逃離職場的藉口，如果你只是把創業當「備胎」，打著有也好、沒有也罷的心態，那麼你的這臺印鈔機，很快就會變成碎紙機。

目標市場與目標消費者

企業在行銷策略規畫階段，行銷人員根據消費者的地理區隔、人口統計、心理變數和行為變數等方面，細分市場區隔（Segmentation）後，考量自身的產品設計、資源條件、市場環境等，選擇某個市場進行行銷計畫，這個市場即成為「目標市場」（Target Market）。

而選擇目標市場的方式有三種：一是無差異行銷（Undifferentiated Marketing），整個市場不加以區隔，都是其目標市場；二是差異行銷（Differentiated Marketing），企業透過提供不同的產品或服務，進入兩個或兩個以上的市場；三是集中行銷（Concentrated Marketing），集中全部資源選擇一個單一市場經營，又稱為利基市場（Niche Market）。

選定目標市場的同時，等於你也找到了一群「目標消費者」，即行銷策略語言所說的ＴＡ（Target Audience），這群人就是你在進行行銷計畫時的溝通對象，一般又可分為主要與次要溝通對象。

企業主和行銷人員必須清楚要賣東西給誰，了解他們的動機、態度和行為，並提出適當的行銷方式，才能達到銷售目標。例如賣給熟齡貴婦或少女，行銷策略和溝通方式必定不同。否則瞎子摸象的話，你販賣的商品或服務必然在市場中成為炮灰。

31 十年內破產三次的「印鈔機達人」

我曾經在電視上看到一個求職的實境秀節目，裡面有一個破產的富翁，上節目去應徵工作。

這個富翁表示，他曾經自創一個男裝自有品牌，在北京有超過一百多家連鎖分店，一年的現金流高達數億元，最後因為市場定位和經營問題導致破產，負債上千萬元。

後來這個破產的老闆開始試著在外面找工作，也做過公司的策略和行銷顧問，想要把賺來的錢拿來還債。

負債千萬元的他，在實境節目中應徵的職位是企業的高級主管，但是最終他並沒有如願應徵上企業高級主管，反而是被在場的老闆們滅燈，失意的離開錄影棚。

當這個破產的富翁決定要再回過頭來幫大老闆打工，或想要靠領薪水還清負債，其實就已經可以預見，他不可能會東山再起的命運了。就算是高階主管的薪水，也都活在通貨膨脹與被ＣＰＩ減薪的陰影下，千萬不要指望靠著每個月的薪水，就能填滿負債的大坑，以為只要用薪水慢慢賺回來，就能尋求下一個翻身的機會。

就像是八十五度Ｃ咖啡連鎖專賣店的創辦人吳政學，他這輩子在別人手下做事、領死薪水的時間，只有短短三個月。

吳政學之前開過手搖飲料店和五十元披薩店，這些加盟店曾經紅極一時，最後卻黯然收店。但是，這並沒有打擊他；相反的，他找出失敗原因，重新架設一臺「改良式印鈔機」。

關店或負債的確是悲劇，但絕對不是世界末日，對於懂得打造印鈔機的達人來說，就算跌倒了，也有東山再起的實力。

有一家知名的美式連鎖早餐店，其創辦人曾經是全球最大髮飾品供應商，在亞洲各地都設有工廠，製造的髮飾行銷歐美各大百貨公司。當他手上資金充裕時，也轉投資許多事業，從餐飲到房地產等，全盛時期是十四家公司的老闆，事業可說如日中天。

然而，之後這個創辦人卻因為投資不當，導致破產還負債四千多萬元，心血一切歸零。

在外人看起來，他應該是一位成功的系統建構者，有著十四臺印鈔機在為他日夜印鈔票，為什麼還會破產？

實際上，在一個懂得建立系統、創造財富的人眼中，**每一次的破產都可以讓他重新檢驗，印鈔機到底是哪裡出了問題？**關鍵只在於，**你有沒有辦法把破產視為轉機**。

後來這個創辦人在連鎖早餐店尋找翻身的機會，他突破了傳統連鎖早餐店以賣漢堡為主的保守心態，改賣起美式貝果，一步步調整店面、服裝和餐飲特色，成功吸引消費者的青睞，打造出讓人耳目一新的早餐店品牌。

這個早餐創辦人之後拓展了超過六百家加盟店，當連鎖早餐的品牌成功建立之後，他不但還清了所有的債務，更真正的從谷底翻身致富。

從這些破產後又翻身的達人身上可以看到，只要能找到自己系統中的缺失，在下次重新開始的時候，原本的缺失就會轉變為優勢。

以八十五度C的創辦人為例，他發現要是下單量過大，原物料的品質就開始不穩定，因此，他改成直接向產地農莊採買咖啡豆，用最簡單的方式控制產品的品質。

另外，過去披薩的餅皮是外包給其他工廠代工，技術掌控在別人手上，於是再次創業後，他改為自行設置中央工廠，將食品的生產技術掌握在自己手裡，還能隨時因應顧客的喜好而即時改變。

也就是說，即便破產了，但只要能不斷改良，就能打造出真正不斷電又用得長久的印鈔機。

基本上，所有擅長打造「印鈔機」的人，都是系統的建構者或擁有者，他們早已清楚，在三十歲之後想要致富，就不能一〇〇％透過勞力來賺鈔票。

假如你現在二十幾歲，正在試著為自己開發一臺「印鈔機」，你也**不要害怕操作失敗，因為每一次錯誤的道路和選擇，在修正之後，都會成為你下一臺「印鈔機」的重要零件**。

32 沒有印鈔機前，不要投資

現在市面上有許多財經雜誌，充斥著類似以下的報導：他們說許多三十多歲的年輕人，光是靠著玩股票和投資理財，就能提早享受財務自由，藉此告訴年輕人們，只要你努力工作，手邊存了一點資金，然後一股腦把錢投入股票市場，就能開啟另一個錢滾錢的帳戶。

然而，儘管事實沒有你想像中的那麼簡單美好，卻是很多年輕人心神嚮往的致富之道。

我問過許多二十幾歲的年輕人，他們會選擇什麼方式理財？有一半的人告訴我，他會想要把存下來的錢，拿去投資基金或股票。

很多上班族會聽信銀行理財專員天花亂墜的推銷，把自己的存款拿來投資銀行不斷推陳出新的複合式金融商品。其實，會把錢交到理專手裡的人，不外乎抱持著兩種心態，一是希望讓戶頭裡的存款保值，另一個是期望透過投資讓財產增值。

然而，你不知道的是，銀行的某些理財產品都像是裹著糖衣的毒藥，他們慣用的手法就是，利用「數字障眼法」誇大收益，或是掩飾資金被非法挪用出現的巨額虧損。這些資訊不透明的假象，不但讓你的資產無法增值，甚至連保值都難。

更甚者，很多銀行理專根本連自己都搞不懂這些結構複雜的金融商品，當然更不會告訴你，這個黑盒子裡藏著可怕的不定時炸彈。

理專大都透過銷售話術包裝，為你勾勒一張美好的理財藍圖，他們只會告訴你，購買某個金融產品比定存的利率要高出許多，不但保本，利息還有機會上看一〇%。

我認識的一位國小退休老師，曾經在銀行理專的遊說之下，捧著自己的退休金三百多萬元購買外國銀行連動債，卻完全不清楚這款連動債的連結標的是什麼。他面對一張滿是英文的合約書，就算看不懂也傻傻的簽下去，最後金融風暴一爆發，幾十年的退休金瞬間化為烏有。

有天我遇到這個老師，他一見面就開始跟我哭訴：「一定是我生下來的命不好，這輩子沒有偏財運，才會一投資就賠錢，連去廟裡補財庫也沒有用。」

實際上，不是因為你的八字不夠重，或是偏財運不夠才會血本無歸，而是你所面對的市場，**本身就是一個資訊不對稱的投資環境**。

如果你平常不留意利率與匯率的變化，也不是很了解自己買的這支看起來「很可靠」的股票背後，母公司的研發腳步早就已經比對手落後了好幾年，你只是憑著當下的感覺走或一味跟風，以為這樣就能夠翻身致富，那麼這種行為，簡直跟把錢丟到海裡沒有兩樣。

有很多人看到別人投資期貨賺錢很容易，就覺得自己也可以躺著輕鬆賺。當你只是個普通的朝九晚五上班族，每天光忙著上班、開會、跑業務就累得半死，下班之後，你又有多少時間來做功課？難道你以為，光是研究K線圖就能成功避險嗎？

在高風險的投資項目中，通常一百個人裡，真正能賺到錢的不會超過五個人。不要抱持著賭一把的念頭，期望你會是那五個幸運兒之一，否則最後只會讓自己摔落在資訊不對稱的深谷中。

富人之所以越來越有錢，不是因為他們很豪邁的，把財產拿來「梭哈」玩零和遊戲，而是**在賺取第一桶金之後，開始建立一套能不斷創造收入的系統，也就是為自己打造一臺印鈔機**。

剛過三十歲的你，從學校畢業進入職場之後，已經投入在某個專業領域好幾年。在這段時間，你了解了相關產業的運作流程，也累積了一些人脈。接下來，你就可以開始規畫如何建立自己的系統。就像有些上班族會利用網路平臺全年無休的特性，在網路上分享資源或進行買賣交易，開始賺取本業以外的持續性收入。

當你身後有一臺全天候運轉的印鈔機支援著你時，等於降低了每次投資的風險。然後你再觀察整體趨勢，找到長期穩健的標的物投資，如此一來你就不再需要成天和人玩命賭運氣，而是有計畫的讓自己脫離貧窮。不用模仿別人，你同樣也可以走上真正的財務自由之路。

無法避開的資訊不對稱

所謂的「資訊不對稱」，就是其中一方擁有另一方無法掌握的資訊，形成一方知情，另一方被蒙在鼓裡的不對稱狀態。

我們的日常生活也處於「資訊不對稱」之中，像是消費者不會知道買到的橄欖油，到底有沒有添加了銅葉綠素；銀行未必能百分百掌握欠款人的全部資產；保險公司也無法得知被保人是否有隱瞞病情。這都為一個人的生活或是公司的運轉，產生了許多看不見的風險。

當你每天翻開報紙或打開電視，看到牽涉龐大利益的商業新聞，無論是股市或是房市，你面對的都是一個資訊不對稱的環境。商人的置入性行銷，有時候就像是看起來很美好的海市蜃樓，但是這個吹起來的泡泡什麼時候會破？沒有人敢保證。

就像銀行理專總會用引導的方式推銷新產品，對於產品中的潛在風險輕描淡寫帶過，一旦出事，你才會發現自己根本求助無門。

除非你是站在有利的一方，否則在資訊不對稱的情況下大舉投資，簡直就像是在賭場玩吃角子老虎碰碰運氣，最終只能兩手空空，甚至輸得一屁股債的黯然離場。

33 「不斷電印鈔機」才是致富超級武器

我經常聽到有上班族在嚷嚷著：「等我退休後，要去國外流浪。」或是說：「我要去歐洲放空度假一年。」

但事實上，很多人還沒走到不用工作就能享受人生的那一步，就已經提前預見了窮人的命運。

大部分二十幾歲的年輕朋友，其實都抱著差不多的想法，認為想要賺錢致富，就必須先擁有高學歷，再去找個好工作，然後為了累積日後談薪水的籌碼而不斷跳槽，心裡總是想著，如果能夠拚到外商公司高階主管或CEO的位置，就可以提早退休，過著生活無虞的下半輩子。

在以前的年代，你只需要一份收入，就足以維持一個家庭。但單純的年代早已一去不復返，要是到了三十歲以後，還總是想要死守著一家公司不放，下定決心一輩子領老闆的薪水，只求有穩定的收入繳房貸就好，那麼你或許餓不死，但無法保證你不會窮死。

事實上，絕大多數的富人，並不是靠著找到鐵飯碗工作，或是進場玩玩股票就能投機致富。最主要的關鍵，是他們能根據自身的專業和發展優勢，替自己量身打造一臺全天候運轉，不需要休息的印鈔機。

很多人對於「持續性收入」的理解，僅限於傳直銷活動，總認為只要路上隨便拉幾隻白老鼠，將他們洗腦成你的下線，再讓他們各自去找更多人加入，如此一來，比他們還要早加入的你，就好像站在金字塔的高處，而鈔票就會開始自動流進你的戶頭，就算躺著都有錢可以領。

在他們的觀念裡，天下沒有白吃的午餐，持續性收入就像是不勞而獲的老鼠會，總會有泡沫化的一天。但如果只把持續性收入與直銷畫上等號，這樣的定義實在太過狹隘。

像《哈利波特》（*Harry Potter*）的作者J．K．羅琳（J. K. Rowling），正是利用版稅打造她個人的印鈔機，從小說到改編成電影的版權金，讓她不需要外出拋頭露面，也照樣能開心數鈔票。

還有好萊塢首席富婆歐普拉（Oprah Winfrey），憑著知名電視脫口秀主持人的身分，讓她不斷累積知名度，也賺進了大把鈔票。但過去光靠著主持節目訪問來賓或接拍廣告，那時候的歐普拉仍然是靠自己的勞力賺錢，和上班族一樣，收入屬於勞務型所得。

然而，儘管《歐普拉秀》（*The Oprah Winfrey Show*）在美國已經見好就收，節目在二〇一一年就已經停播，歐普拉的聲勢卻始終不墜。你必須了解，真正讓歐普拉致富的關鍵，已經不是來自於每次錄影的收入，而是她創造了一個年營業額將近十億美元的媒體王國。

從出版不同類型的雜誌，到擁有專屬的電視頻道，**歐普拉成功的將自己塑造成知名品牌**，憑藉著發揮個人優勢，打造一臺每天有數百人為她工作的印鈔機，就算未來她退休了，靠著持續性收入，她也依然會是令人稱羨的富婆。

除了個人擁有印鈔機之外，經營公司本身就是打造印鈔機的過程。以麥當勞為例，這道「金色拱門」做出來的漢堡和薯條，未必是全世界最好吃的，為什麼它卻是全球數一數二成功的企業？

因為他們藉由建立物流、生產銷售和管理服務這些「系統」，讓公司不斷累積資本。簡單來說，麥當勞叔叔不需要像你家巷口的早餐店一樣，天還沒亮就起來辛苦的炸薯條、煎漢堡，但財富卻以驚人的倍數持續成長。

《有錢人想的和你不一樣》（*Secrets of the Millionaire Mind*）的作者，在書中提到許多有錢人創造財富的途徑，但其中最重要的是他們的致富精神：「**絕大部分的千萬富翁，都是因為有自己的事業才發財的。**」

比起睜大眼睛挑選一個值得賣命的好老闆，你更該認清的現實是，二十幾歲的時候用新鮮的肝來拚命，是永遠不可能換來三十歲之後財務自由的生活。

更慘的是，即使每天辛苦工作十幾個小時，連吃飯睡覺的時間都賠進去，到頭來卻依然口袋空空。

三十歲之後，你的人生規畫應該是成為系統的建構者，當一套系統能夠自行運作的時候，表示有成千上萬個零件會支持系統的運轉。

這樣一來，你就不再需要付出多餘的時間和勞力，去做堆積如山的工作，無論你在睡覺或是環遊世界，這臺「全自動不斷電印鈔機」不會因此停擺，隨時都在幫你印大把的鈔票。

5

如果資本主義是大海，就必須學會游泳

34 九九%的人都以「錢」取人

除了聖人和瘋子之外，每個人都會以錢取人。但是，學校老師、你的爸媽、你的朋友，全都不敢告訴你這個事實。

很多人自己很窮，腦中卻有一大堆陳腐老舊的觀念，毫無來由的就看不起有錢人。要他去了解理財的知識，不是說沒興趣，不然就是怨天尤人，連自己負債多少都不知道。想要變有錢，就像想要讓身體變得健康一樣，如果不花時間研究，或是讀點書再親自做出改變，怎麼可能會賺錢？

有一種人，甘願得過且過的活著，沒錢就跟爸媽伸手，或是用信用卡借錢，等信用破產，親友都上門來討債，就開始怨天尤人、怪東怪西。

這種人老是在欺騙自己，他們相信大多數的人不會「以錢取人」，一直活在自欺欺人的世界裡。

然而，這樣的人，卻要等到被房東追討房租，或是跟死黨因為錢的問題大打出手，像這樣走投無路、親友都給臉色看時，才會覺得很受傷，頻頻怨嘆「大家怎麼都那麼現實」。但有問題的其實是他，因為這社會本來就很現實。

之前，我的高中老友生病住院，我去醫院看他。沒想到，我一打開病房的門，居然看到一個裝潢華美的客廳，客廳裡擺了電視，桌上有一大盆鮮花。此外，客廳還配置了冰箱和獨立的廁所，穿過客廳後，裡面才是單人病房。

這間單人病房看起來非常豪華舒適，甚至有沙發、家屬陪睡用的單人床、液晶電視，簡直像是度假飯店。

我的老友感慨的說，剛開始還住在四人病房，需要幫忙時，護士可能因為需要照顧太多病人，按了鈴也無法馬上來；有些護士可能因為太累，多少會顯出疲態。然而，當他住進VIP病房時，一按鈴，護士就能馬上來幫忙，且態度相當親切。

此外，讓他印象最深刻的是，主治醫生一踏進病房後一臉驚訝的說：「原來裡面長這樣，我還是第一次踏進來啊！」醫生的態度也變得非常和善，仔細的詢問他：「你的身體還好嗎？手術後，有哪裡會痛嗎？」

可想而知，住在四人健保房和住在 VIP 病房，不只是設備有落差，連醫生和護士的態度也有高度落差。

誰說人不會以錢取人？「以錢取人」不是勢利，而是現實。人性，就是如此。

他的遭遇，讓我想到有一次我去逛精品店，那天我的穿著較休閒，當時店裡只有我一個客人。我一踏進門，精品店的店員用勢利眼神掃視我的全身穿著後，就把我當空氣，繼續跟同事聊天。

幾個月後，我由於剛參加完演奏會穿得較正式，一進那家店，店員馬上點頭微笑說：「您好，有什麼可以為您服務的嗎？」還送上高級氣泡水，前後態度判若兩人。

我的高中老友也有類似的經驗。有一次，他去一家知名餐廳，由於已過尖峰時段，店裡的空位很多，但帶位的服務生，卻把他帶到靠近廚房出餐區的座位。那個座位由於靠近廚房，比較嘈雜，用餐品質不是很好。

幾天後，他穿得比較體面去同一家餐廳，還沒主動開口，服務生就把他帶到靠窗且比較安靜、採光也比較好的座位。

整個地球到處都有潛規則，因此不要再這麼天真，以為社會很溫暖。其實，大部分的人都是向錢看，從路邊攤到高級餐廳，都是這樣。

更殘酷的是，就連攸關人命的醫療制度，都會有差別待遇。現在，醫院有一種「VIP門診」，只要付高額的掛號費，不用等醫生，而是醫生等你。

如果你是去健保門診，醫生看診幾乎花不到五分鐘；VIP門診的看診時間卻比較久，醫生看診也比較仔細。此外，VIP門診不用排隊人擠人，還會有專人幫你拿藥，親自送到你手上，舒適度和速度，都比健保門診更高級。

而有些健保給付的藥，因為便宜，副作用留下的後遺症較大，但如果是用自費的方式買藥，藥的效果會比較好，副作用和便宜的藥相比，也比較輕微。

「食、衣、住、行、育、樂、醫」中，在每個民生領域，有能力花越多錢，就越能得到更好的服務。就算你不願承認，現實已經血淋淋的擺在你眼前。

大部分的人，在面對陌生人時，要如何決定自己的應對策略？

最有效的方法，就是先看對方的外表，以判斷對方的財力。所以，**「以錢取人」不全然是勢利眼和愛慕虛榮，更是一種「生物本能」**。

這種「生物本能」的展現，在公營住宅的推動歷程中，發揮得淋漓盡致。曾有政治人物提出，要在豪宅附近蓋公營住宅的政策，就引發附近居民的強烈反彈。也許你會說，這根本就是歧視窮人，但很諷刺的是，如果公營住宅要蓋在你家隔壁，你也會上街抗議。

這也充分揭露，有錢人和窮人之間，的確存在一道牆的隔閡，那道牆充分證明了「以錢取人」的存在。

活在資本主義的世界裡，如果你不在乎別人的看法，也不想提升生活品質，那就算了，但是，如果你想要過更好的生活，就必須正視多數的人都「以錢取人」的現實。**你必須思考：「要怎麼做，才能讓資本主義接受自己的存在？」**這是一個非常嚴肅的問題，只要你還活著，它就會牢牢的跟在你身後，怎麼甩都甩不掉。

可惜的是，很多人都沒有想過這個問題，絲毫不在意他人的觀感。舉例來說，現在在街道上，有人把四角褲晒在外面隨風飄的景象仍不少見。這種人就算中樂透、搬到豪宅區也會被排擠，灑再多錢收買人心都沒用。

總之，**「以錢取人」背後隱藏的意義在於，你必須尊重別人如何評價你**，這是資本主義世界裡，很關鍵的潛規則。

此外，累積了一定的財力後，你的素質、品味也必須隨之提升。「以錢取人」到了最高層次，其實也具有文明和素養概念，不僅是「有錢就能當大爺」這麼膚淺。

35

窮忙的人，不要開 TOYOTA

我不是和 TOYOTA 有仇，相反的，是肯定他們的車賣得太好，因為平價又好用，堪稱為最受歡迎的國民車。

我的朋友中，就有好幾位都是開 TOYOTA 的，因為比起歐系進口車，實在便宜，保養費也低。我這幾個朋友都是退休人士，以一個沒有固定收入的退休者來說，用最少成本取得代步車，我很贊同。然而，我也有幾個才三十歲出頭的年輕朋友，靠著微薄存款和父母資助，也買了 TOYOTA 的車。

老實說，年輕人在工作或事業上剛起步，先買國民車代步，等事業有成、經濟改善再換好一點的歐系名車，就像先買郊區小房，再慢慢換成市區大房，我也是看好的。

問題是，這些年輕人的心態，讓我實在為他們日後的人生感到擔憂。

我問他們對三十或四十歲後的未來，有什麼志向和目標？例如，在工作或事業上，以及快退休時，如何增加資本利得（按：投資的術語，以低買高賣的方式，賺取差價來獲得利益），來取代體力漸衰和勞務收入減少的狀況？

然而，他們給我的答案都是：**沒想那麼多**。

其中有位年輕朋友A，是在親戚開的鐵工廠上班，每個月有三萬元的收入，但他住家裡不須負擔房租、水電開銷，下班或放假時，經常窩在家裡玩電動。存下來的錢除了買國民車，其餘的就是用來和朋友去唱歌、釣蝦，甚至開車夜遊。

而且，他把車開到機油不夠或輪胎磨平，也不會主動解決問題，總要等到車子不能動，才找修車廠拖去處理。

我曾坐過他的車，車子外表都是磨損及灰塵，坐進去發現排檔置物盒上都是菸蒂和垃圾。當我習慣性的要扣上安全帶，他卻笑我神經病，因為他從來都不繫安全帶，車子的保險也沒有去繳。他說等出事再說，他相信自己不會那麼衰。

他，以及他的心態，就是典型窮人的代表。

另一位年輕朋友B，在一家貿易公司上班，底薪兩萬元，外加獎金也可到三萬元左右，但如果業績不好，也只能領兩萬元再多一點。

他買了一輛二手的國民車，主要是為了拜訪客戶及往來倉庫和公司之間。

他很上進努力，可惜的是，年過三十仍沒有搞懂，**忙和成功之間，沒有必然的關係**。因此，他總是把時間浪費在和客戶吃飯喝酒，或在客戶住處泡茶嗑瓜子上，有時候，還要幫客戶跑腿買個茶葉或便當之類的。

不幸的是，他努力經營的客戶很少給他大的業績，即使偶爾有下單金額也不大，貨款更是難收。有時候，他為了收張支票，反而要請客戶吃飯、喝酒和唱歌，怎麼算都是賠錢生意。

他，以及他的心態，就是典型瞎忙族的代表。

因為他的瞎忙，總認為自己買的便宜車，只是代步工具，加上他實在太忙，忙到連睡覺和解大便的時間都沒有，可想而知，他的車子內外也是慘不忍睹的。

「反正只是便宜的二手國民車，也不值錢，幹嘛花時間心力整理？」他總是這麼回答朋友們，對他沒有善待車子的疑問。

有一次我問他：「如果你的車是雙B名車，也會這麼糟蹋嗎？」「當然不會了！」他改口回答：「我會很心疼車子，因為車子不僅有價值，也代表門面，當然要定期打蠟保養，像寵老婆那樣呵護它。」

這時，我就建議他：「如果要脫離窮忙的輪迴，就咬著牙去買輛進口名車吧！」我會這樣建議是有道理的，尤其對三十歲左右的年輕人來說，敢向未來目標挑戰、敢置自己於死地，才能脫胎換骨，趁年輕打下脫離窮忙的底子。

同樣的工作性質和年紀，我的一位年輕朋友C，就深知資本主義如何運作，也想得很清楚，自己的醫療器材業務工作，絕對不是只靠努力和熱忱就能好好發展。他知道想成功，就必須管理好自己的「機會成本」。

不同於B，他陪客戶打屁閒聊的時間不多，除非真有必要，才會投入時間和體力成本。奇怪的是，當客戶和他做成一筆生意後，客戶幾乎不會再找他閒聊或吃飯。

關鍵就在於，他每次和客戶見面，都事先做好功課，把客戶的需求和有利於客戶的計畫，報告得非常清楚，讓客戶睜大眼睛專心聆聽。合作事項談成後，客戶反而催促他盡快去辦，不要浪費時間。

就這樣，他的客戶不需要多，他每天工作時間也不到六小時，卻月入十幾萬元。他剩下的時間就用來保養他的歐系名車，或和女友逛百貨公司、喝下午茶。

總之，你是不是開 TOYOTA，或開雙B名車，都不是我這篇文章要說的重點。**重點在於你的「年紀」，也就是你的「時間價值」**。

如果你家裡很有錢、不愁吃穿，或者你已經退休，你要開什麼車都是你家的事，高興就好。

相對的，如果你不到三十歲，工作和事業正在起步階段，你會考慮買什麼車，以及用什麼心態面對車子。例如，把車子當成賤價工具，或把它當門面和精品。你有什麼樣的心態和想法，將決定你三十歲後，會坐在廉價的國民車，或具有社交和保值功能的進口名車裡。

窮忙的人，不要開 TOYOTA。

事實上，也不一定是 TOYOTA，任何平價陽春，或讓你不想心疼呵護的東西，包括夜市或山寨網站的劣質衣服、鞋子、包包，都不要碰，否則，你只是浪費自己的「時間價值」。

因為，當你不停的咒罵自己買到爛東西，然後再花時間把它們丟掉，再不停的花時間再買同樣的爛東西時，你已經耗掉太多珍貴的資產。你永遠都會陷在窮忙的困境中，像薛西弗斯（Sisyphus，希臘神話中，一位被懲罰必須將一塊巨石推上山頂的人，而他每次到達山頂後巨石又滾下山，因此他不斷重複做這件事），一輩子都在原地，過著沒有未來和意義的人生。

36

當賣菜的阿嬤，也懂得外匯套利

為什麼九〇%的財富，都集中在一〇%的人手中？

答案很簡單，只要你上網搜尋，就可以發現許多學者研究或媒體報導，都會告訴你，因為那些一〇%的有錢人，他們的所得中，勞務或薪資收入占總所得的比例，不到五%。換言之，其他九五%的所得，都是靠不動產或股票股利等，投資獲利的資本利得。

相對的，**收入較少的弱勢族群**，他們的收入中，**勞務所得占了總收入的九〇%以上**。這就是為什麼，世界各國政府都要課富人稅。有錢人靠資本主義這臺超級大印鈔機，賺錢實在又快又多，才會導致貧富差距越來越大。

話說回來，我們不妨換個角度想，只要懂得增加資本利得的收入，人人都可以加入富人的行列，即使不是富人，至少也不會成為街友，這樣的好事，為什麼大家都視而不見？

然而，我認識太多不到三十歲的年輕朋友，即使有的是證券公司的交易員，有的是銀行職員，也有碩博士級的上班族，每當我問他們現在國際政局情勢和貨幣強弱等問題，他們竟然都回答——不干我的事，我不知道。

相對的，有一次我和家人去菜市場買東西，在擁擠人群中，我突然聽到一個阿婆很大聲的說：「最近中東又要打仗了，歐元又反彈了，美元小跌修正，又讓我賺了一筆加菜錢……。」

我聽了這話，嚇得急轉身，撥開人群，這才發現，在菜市場中會說這些外匯交易行話的，竟然是一個賣菜的老阿婆。我瞪大眼好奇的湊近問她：「為何懂這麼多？」

她呵呵笑了幾聲，說是銀行經理推薦她偶爾可以賺點匯差，當個小富婆，她還把這好康的推薦給隔壁賣肉圓的，還有對面賣油飯的，他們卻都說沒興趣，也不想去賺這種錢。

同樣的，活在資本主義世界裡的你，不管學歷多麼高、年紀有多大，只要想改變收入的結構，你就必須**把國際局勢和資本市場的大小事，當成自己的家務事**，才有可能藉著資本主義，來讓自己脫貧翻身，進而累積自己的資產。

前面我說過，為何全世界的錢，都集中在少數人手上，原因不是他們八字好、祖上有德，而是他們懂得如何增加資本利得在他們收入中的比例，然而，想增加資本利得，不用心投入、做功課，永遠都只是痴人說夢話。

三十歲後你站在哪裡，取決於你對職場和工作的正確認知，以及是否進一步打造系統收入。另外，隨著你的年紀漸增以及體力漸衰，在三十歲前，你必須開始連線到資本主義這個大金庫裡，趁年輕腦力好接上資訊流和金流，累積自己的投資經驗值。

畢竟，投資做短線，可以賺零用錢和加菜錢，只有趁年輕，學會用耐心布局，去賺趨勢的錢，你才能成為真正的富人。

時間、經驗值和做功課，這三把打開資本主義大金庫的鑰匙，越年輕開始打造，勝算就越大。

當賣菜的阿嬤、只有小學畢業的她，也懂得外匯套利時，三十歲前的你，還認為新聞中那些國際政局和各種指數變化，都和你沒關係、不干你的事。可想而知，三十歲後的你，應該只能站在日夜加班的辦公室或賣場裡，不然就是衣服也不換、澡也不洗，一回家倒頭就睡，活在像豬窩的狹窄惡臭公寓裡。

總而言之，資本主義大金庫的財富，人人都有權利、也有資格領取，關鍵只在於你想不想。

你不必是專業金融人士，也不必是財團的小孩，更不必是高學歷和喝過洋墨水，不管你學的是什麼、不管你做哪一行業，當你一再的仇富，恨別人收入比你高，咒罵無能的政府讓貧富差距越來越大時，何不學學《當幸福來敲門》（*The Pursuit of Happyness*）裡的主角，當發現自己快在資本主義這個大海裡溺死，立刻去問開跑車的年輕人、立刻改變想法、立刻苦讀考試，加入資本市場，成為證券營業員，開始領取大金庫的財富。這樣你根本沒時間和心力去怨天尤人，最後不但脫貧，甚至成為富翁。

我還記得，主角克里斯在片中說過：「**當人們做不到某些事時，他們就會對你洗腦，說你也做不到。**」

其實，貧富或幸福，都只在一念之間。

當你的長輩仇富、當你的朋友討厭資本主義、當你的另一半或家人討厭銅臭味，又逼你要準時交學貸、房貸或水電費，而菜市場的賣菜阿嬤，卻已懂得外匯套利時，不管你是三十歲前或已經四十幾歲，都應該找時間，靜下心來好好想想克里斯說的那句話，你才有機會聽到幸福的敲門聲。

37 千萬不要用「薪水」買茶葉蛋

我三十歲前，還在當上班族時，最愛在下午工作告一段落，和同事到便利商店買幾顆茶葉蛋，邊喝飲料邊吃蛋、打屁聊聊天。

後來，我發現每個月光花在下午喝飲料和吃茶葉蛋上，就高達近千元。以我微薄的薪水來說，這多出的千元開銷，實在讓我受不了，後來只好改掉這個習慣，把錢省下來繳水電費和通訊費，如果還有多的，再存起來當錢母。

我想，同樣的困境，必然也發生在現今普遍低薪的年輕人身上。

這裡所說的茶葉蛋，是指每天必要伙食之外的消費，有人習慣偶爾買個餅乾或蛋糕，也有人每天要抽一包菸，這些都是我說的「茶葉蛋」。

從資本主義的角度來看，如果你的薪水不多，甚至還沒存夠錢母，我勸你最好**不**

要用「薪水」這種有限的勞務所得，去買茶葉蛋或餅乾、飲料之類的非必要消費。

然而，我的這個建議，經常被年輕朋友否定。

或許他們被媒體洗腦了，也被社群網站中那些愛炫富，炫耀去哪裡吃美食大餐，或去哪裡旅遊的「朋友」刺激。在我認識的年輕朋友中，十個有九個半明明是月光族，也要拗父母贊助，或偷辦信用卡去吃美食、拍照打卡，甚至向公司請假去旅行或遊學。

我記得在當主管時，有不少年輕朋友才來公司不到一年，就吵著要離職或請長假，說要去遊學或和死黨到處玩，把存款花光光，再回職場重新找工作。

他們都是二十六到三十歲左右的上班族，這個年紀，是人生中最黃金的階段，不僅沒有家累，身體好又有本錢衝刺和失敗。遺憾的是，他們把這麼難得的人生資源，不停的虛耗在吃喝玩樂中，等到年近四十，才會發現工作怎麼如此難找、錢越來越難賺，八字好的就窩家裡啃老，命差的就到處打零工，淪為赤貧一族。

話說回來，如果你到處遊學或旅行，是為了實現自己未來的計畫、為了未來的創業打底，我不反對出去多看多體驗，至少在經驗值和人生成長上有所累積。

如果不是為了理想和人生規畫，只是不想煩惱未來、想逃避工作壓力，就把存款或人生耗在「茶葉蛋」上，我相信，你三十歲後不僅自己無法選擇站的位置，你會被視為什麼樣的「存在」，也是無法掌控的。

還有一種年輕朋友會找藉口，說人家誰誰誰，又去杜拜度假、又去歐洲購物血拼，不然就是去五星級飯店吃大餐，為什麼我們就不可以？

老實說，那些常去五星級飯店吃下午茶的，我觀察過，只有兩種人。一種是用自己薪水或存款去消費的，「只活在今天」或「透支未來收入」的傻子；一種則是用薪水以外的，「用賺來的、多出來的閒置資金」去享受人生的M型有錢人。

第一種人，通常都是喜歡在朋友面前打腫臉充胖子的「M型窮人」。也就是無法克制欲望、沒有遠見，也不知道「錢母」為何物的「快感追求者」；相對的，第二種人就像猶太人一樣，懂得享受「慢感」和「布局未來」。

因此，同樣是吃茶葉蛋，第一種人吃的是，把自己的「資產」這隻雞的肚子剖開取出來的蛋，每吃一次，就剖掉一個「資產」。

可想而知，第二種人吃的，是自己的「資產雞」生下的蛋，不管吃多少次蛋，他的資產永遠不會縮水，甚至會拿多出來的蛋，再去孵成小雞，讓資產越來越多。

所以，我常說，那些沒有資本利得的年輕朋友，是沒有資格吃茶葉蛋的，更沒有資格旅行、吃大餐、喝酒、唱歌和買包包。

當然了，絕大多數的「吃薪水茶葉蛋」者，不僅會罵我沒人性，也都不會鳥我的話，繼續花費一些生活必要之外的消費性支出。

其實，我也不會意外或難過，因為，這世界的富翁和資本家，總是占地球總人口不到一％，是有其道理的。如果你能懂我的用心良苦，或許你未來就是那一％富翁的其中一人。

38

沙漠裡殺人的是綠洲，不是太陽

想在資本主義裡活得像個樣子，凡事就不能只看表面。因為，看得到、摸得到的東西，不一定就是真的。

廣大無垠的沙漠中，最危險的不是炙熱的太陽，而是看似無害的綠洲，與團團水氣生成的海市蜃樓。

本來，身陷險境的人，意志力十分堅強，即使豔陽高照，四周都是分不清方向的沙漠，人們仍舊可以慢慢前行，不敢輕易將水壺裡的水喝盡。就算口渴時只沾一點水滋潤嘴脣，也不見得會渴死，只要保持體力及一定的水分，說不定會遇到駱駝商隊或小鎮。

然而，最可怕的就是，原本你不會離死亡這麼近，卻因為你以為看見了綠洲，高興的奮力向前奔跑，不惜將體力耗盡也要往綠洲奔去。你心想前面有綠州，怕什麼，於是將水一飲而盡，甚至把水從頭淋下降溫。

但到後來越走越久，才發現根本沒有綠洲，只是虛無的一團光而已。可是你的水已經喝完，體力也已經耗盡了。

資本主義裡處處有海市蜃樓，也有虛幻的綠洲。

那些讓人們覺得會賺到錢的東西，不論是基金、股票、房市或是投資的方向，所有令你覺得可以賺錢的東西，進而對其產生不正確期待的，都是海市蜃樓。

那麼，為何會產生這種不正確的期待？

這就得先談到資本主義的市場源頭——期貨。

資本市場的金融商品中，最早出現的就是期貨。期貨最早出現在中世紀的荷蘭，當時歐洲掀起一股鬱金香熱潮，荷蘭因為港口貿易興盛，成為鬱金香進入歐洲的重要門戶。

鬱金香每年有固定花期，花開期間可以依照色澤、大小、特色進行交易。但鬱金香不開花的時間，比開花的時間長且久，若是今年沒有順利成交，就得等到明年花開的時候。甚至有些在盛開時購入的鬱金香，花謝後的球莖並不一定會在隔年再度開花，因此如何延長交易時間及品質，成為重要的課題。

而後，花農和商人從經驗中發現，球莖越大，越能保證隔年的再生能力。這個「可能」的植物信號，使得越來越多人熱衷投資「在冬季休眠的鬱金香球莖」，甚至形成只以憑證轉手的交易模式，為最早的期貨交易。

期貨的英文是「Futures」，是一種對未來商品的預想與買賣。

先前所說的海市蜃樓就是對未來的期盼和冀望，在船還沒有到達、花還沒有盛開之前，永遠都只是海市蜃樓，預想可以售出的高價格，也都只是海市蜃樓罷了。

整個資本市場，包括所有的投資，全都建立在海市蜃樓上。**在資本主義市場裡，有很多人會看走眼，或沒有把安全係數、風險係數控管得當，這均是由海市蜃樓引起。由於過度的期待、沒有避險的概念，他們的下場往往很淒慘。**

如果三十歲的朋友準備進入資本市場，這個課題至關重要。先不說剛進入資本市場二、三十歲的朋友們，那些在市場上打滾二、三十年的老手，往往也是死在他的海市蜃樓裡，敗在他看見的綠洲之中。

老手已經有許多經驗，背後可能早已積累了幾千萬元的資金，就因為一個錯誤的判斷，認為「這個綠洲絕對沒錯！」不僅重押，甚至還嫌資金不足、獲利不多，就算冒險賣房子也要增資，卻忽略了許多現實面的警訊。

資本主義的確會讓人賺錢，如果整個市場的走勢符合自己的期待，自然是錢財滾滾。但往往很多時候，市場的走勢根本就與自身的期待背道而馳，卻有為數不少的人，包括大師級人物，依舊認為市場會反轉、會按照他的期待走，直到開盤交易當天才發現，這一切只是幻影。

他們過於堅信，導致忽視眼前市場的訊號，即使情勢已經開始反轉為不利的狀態，他們仍然自欺欺人的相信綠洲自始存在，因而就此葬身在綠洲的幻影中。

從一開始荷蘭的鬱金香期貨，到現在衍生出股票、權證等金融商品，不管衍生出來的商品有多複雜、多高科技，它最核心的運作原理，就和中世紀時荷蘭港口交易的方式一模一樣。

買賣房地產也是資本市場的一環，某年臺北郊區的造鎮運動，傳言會有影城、百貨進駐，於是許多投資者紛紛置產，結果什麼都沒有，該地形同鬼城，最終投資者只能沉睡在造鎮的美夢裡。

其實不只股票、基金、房地產等資本市場，所有的事業，包括感情投資都是一樣的，**均是人們看見的一個美好綠洲，但是那個所見的綠洲在尚未到達之前，可能永遠**

只是個幻影。

像是之前許多人懷抱著淘金夢加盟某知名飲料店，沒想到業主居然捲款潛逃；又或者懷抱著當便利商店老闆的夢想，殊不知加盟之後才發現種種因素導致不敷成本，最後在虛幻的綠洲中美夢破碎。

年輕人若要在未來有競爭力和生存力，勢必不能完全排除資本主義。你必須了解，別人不會輕易告訴你的駭人真相，因為這牽涉到整個資本市場的共同利益結構：投信（投資信託公司）要發行一支基金，到銀行承銷、理專銷售給你的過程，都是不能說的祕密。

不要看理專拿的DM印製得十分精美，一些圓餅圖、曲線圖、投報率有多少，那些都是過時的，那些數據很可能只是一些水氣，加上陽光所產生出的海市蜃樓。

首先，這個DM從資料的編纂，到排版、印刷完畢，之後分送到各家分行，需要一到兩週的時間。試想，如果整個市場是一條河流，市場裡有太多數據、太多相互影響的因素，它就像河流裡的水質一樣，你這一秒鐘撈一桶水上來，事實上裡面所含的物質有哪些，就只是這一桶而已，或許在你撈起這桶水的同時，水源處有人排放廢水，水質便又改變了。既然在撈起水的同時，水質就已悄悄轉變，那麼DM上的數據還足以深信嗎？

這便是為什麼許多投資人永遠都只能看著別人漲到七〇%或八〇%，但自己買的永遠賺少賠多。他們拿著海市蜃樓的過期資料，交雜著過度的期待，卻堅信綠洲始終存在。

另一方面，很多專業的投資機構發行的基金，其實早已布局妥當。他們是站在河流源頭的人，早就研究好市場，知道這個基金上去的高點在哪裡，他們也有可能早已和一些VIP客戶接洽先行販售，而後，才開始賣給散戶。

因此，你要進入資本市場，必須勤做功課，要自己去農場摘樹上最新鮮的蘋果，而不是去隔壁的超市購買。超市所販售的早已經過層層關卡，上蠟、包裝、運送，在這過程中，費用又被墊高許多。所以你買到一顆蘋果兩百元，但是農場樹上一顆才五十元，你自然賺不到錢。

另外，大眾媒體報導出來的消息，十之八九都是加工過的謊言。媒體是可以被操控的，在財團和金融大鱷眼裡，這是常識。但在散戶和一般人心中，他們相信媒體是客觀可信的。就是這種認知落差，讓財團和市場炒手能有計畫的坑殺窮人。

我說，媒體是可以被操控的，並不是指控所有媒體，都是財團和炒作主力的好夥伴。而是，很多時候，財團們知道媒體要什麼題材和證據，因此，他們會為媒體量身訂做，用怎麼看都是真實的消息，來餵飽媒體的資訊需求。

最常見的兩種情形便是，業者砸錢行銷以及媒體為搶新聞不經證實報導。

投信發行基金時，為了銷售這支產品，他們會撥出行銷費用給媒體。若你常看財經節目，就會發現投顧專家才剛推薦投資商品，沒過多久就播出那支產品的廣告。這種行銷手法若做得較拙劣一些，就會變成勾結，做得漂亮就是行銷手法，這是第一種情形。

第二種狀況是，媒體被投資機構矇騙，這時媒體是被利用的。如果投資機構團隊裡，有人不停提供一些過時的數據，如同先前所說，對方撈一桶水起來，告訴你這條河流裡有哪些物質，你不能說那桶水裡的物質是假的，只是對方沒說那是什麼時候撈起的。

許多詐騙案，像美國的龐氏騙局（Ponzi scheme，騙人向虛設的公司投資，並用新投資者的錢付給最初的投資者作為回報，而非透過公司的業務賺錢。名稱源自二十世紀初，美國的義大利移民查爾斯．龐茲〔Charles Ponzi〕成立空殼公司騙人投資，以上述手法誘使許多人上當），還有國內的博達案（按：二〇〇四年爆發，起因為博達科技前董事長葉素菲美化財報、做假交易。過去葉素菲聲稱博達科技擁有頂尖的「砷化鎵」生產技術，對外宣稱一直都在賺錢，欺騙投資人投資），均是透過媒體詐財，在詐騙的過程中，媒體為了搶快搶新，不自覺的成為共犯，他們也是受害者，但倒楣的卻是散戶大眾。

我有一個朋友，剛學習投資理財。有一天他跟我說，他昨天買了澳幣，好開心。我心想，中國GDP下滑，澳洲因此減少很多訂單，澳幣基本上正在下跌，於是我就問他：「為什麼會去買澳幣？」

他說：「前兩天，我睡前看了一個財經節目，說澳幣反彈，心想機不可失，隔天馬上買了很多澳幣。」我聽了一愣，接著說：「你要不要現在查一下澳幣的匯率？」

他也發現事情不太對勁，不查則已，一查發現澳幣已跌了二〇%，他不敢相信怎麼會賠這麼多。我說：「仔細想想兩天前你看的是什麼節目，因為那個節目播出的前一天澳幣就一直下跌，節目怎麼還會告訴你澳幣反彈？」

他很生氣的打電話到電視臺，結果電視臺的人員告訴他：「很抱歉，畫面的上方有一行字：『錄影重播』，那時正在重播上週的節目。」

偏偏匯率是很即時的，他犯的錯就像一個人從河裡撈一桶水，要預測整條河流未來的趨勢，接著說兩天後，這條河流會變清澈一樣。

說來很諷刺，沙漠中，那些真正害死你的，不是看似炎酷的太陽，而是對綠洲錯誤的預測與期待。雖然很現實殘酷，卻時時刻刻都在發生。因此不管你要投資什麼，都要養成做功課的習慣。

39 常喝「星巴克」的上班族比較笨？

我曾提過，我們一出生就被電視、報紙、雜誌、廣播、網路等，各種媒體和財團「系統性洗腦」，漸漸的，你不知不覺開始「系統性消費」，甚至把以下觀念奉為神旨——在「星巴克」喝一杯咖啡等於有品味、用高檔手機叫做跟得上時代、刷信用卡消費才有面子……。

如果從消費者的角度來看，這種**洗腦式的「行為制約」，是讓窮人更窮，也讓有錢人不自覺「過度消費」的元凶**。

然而，很諷刺的是，在資本主義的世界裡，全球的經濟要蓬勃發展、景氣要維持高檔、企業要持續獲利成長、失業率要降低、薪資和獎金要提高，這些都要靠「行為制約」才辦得到。例如，過去智慧型手機未推出之前，即使傳統手機的銷售創下天量，企業獲利來源也僅於手機的銷售收入。

但是當智慧手機出現，各種軟體和遊戲，還有線上購物的驚人業績，這些被「制約」而出現的消費需求，像巨浪推動了一波景氣榮景。前面說過的「星巴克效應」也是如此。

根據調查，星巴克每賣一杯咖啡，原物料的成本只有一三%左右，其他的成本則是店租、人事和行銷。說白一點，如果你單純只想喝一杯咖啡，頂多花三十元就可以滿足需求。

但是，因為你被洗腦了、你的行為被制約了，所以你得多花近五到七倍的支出，只為了告訴別人，你是有品味的文青，只為了坐在店裡，享受型男美女包圍，所帶來如吸大麻般的興奮和快感。

老實說，朋友常約我去高檔美式咖啡廳吃吃喝喝，都被我拒絕。如果以消費的CP值來說，我倒覺得把這些錢留下來，偶爾去吃真正會令人驚豔讚嘆的功夫菜，或是主廚用高檔食材，花很多心思製作出來的法式或創意料理，得到的滿足和邊際效益會比較高。

因為，同樣是一筆錢，吃功夫菜和法式料理，在食材部分就占了將近三〇%的成本，大廚或主廚的歷練和功夫，至少也有三〇%至五〇%的效益，剩下的二〇%至三〇%，才是店租、人事和行銷的成本。

這樣算下來，花一筆錢去吃功夫菜或法式料理，我們實際得到的美食效益達七〇%以上；相反的，經常去喝星巴克，得到的美食效益只有原物料和沖泡技術約二〇%，剩下八〇%反而是「心理慰藉」的效用，就好像你經常要去看心理醫生，但沒健保，而且這種「心理慰藉」會讓你上癮，極可能讓你在有生之年，都要替星巴克付店租和人事行銷費。

因此，如果你現在只是領薪度日的上班族，不是家財萬貫，也沒有中樂透，你也無法從集體制約中醒來，幾乎每天都去星巴克喝咖啡，那麼，你真的是一個比較笨，而且未來，包括三十歲以後注定是窮人的「貧庸者」。

可悲的是，話又說回來，全球企業如果沒有這些幾十億名消費者，如此忠誠且沒有覺察力，貢獻出自己的鈔票，去做這些根本就「沒必要」的消費，那麼，驚人的高失業率，不但會讓景氣蕭條，嚴重的話會讓政府倒臺，引發暴動。

所以，如果以經濟繁榮的角度來看，我倒希望這種被「制約」的消費行為，不但不能停，而且要擴大下去。不僅大家要多喝咖啡，沒事也要多看電影和演唱會，再流著淚去買周邊商品，或者去整型、買衣服和參加派對，在酒精和寂寞的催化下，把信用卡刷爆。

然而，景氣是會循環的，即使企業洗腦的功力再強，數十億名消費者也會有倦怠期，信用卡和債務也會有爆掉的一天。

當大家降低消費或是不再消費，企業收入大減，失業率衝高，景氣就進入衰退期，連星巴克生意也會減少七、八成。

不過，當大家努力工作還債，元氣恢復得差不多了，又會回到以前被「制約」的狀態，開始大肆消費，花錢買不必要的東西或服務，景氣榮景又會再回來。因此，全球經濟景氣榮枯，其實都取決於消費者被制約的「深化指數」和「倦感指數」有多少。

如果你只是個月入幾萬元的上班族，花了十年時間，都只是在玩這種被制約和景氣循環遊戲，可想而知，十年後你還是十年前的你，甚至更糟。當然了，如果你常去星巴克是有業務或社交上的需要，那就另當別論。

最後，告訴各位一個資本主義世界最「駭人」的真相：貧富不均或差距越拉越大，是「不可逆」的趨勢。**為何會貧富不均？答案就在「制約」兩個字。因為「集體制約」為經濟景氣之母**。

40 連菸都戒不了的人，注定貧庸

在「新貧庸時代」，大家的位階都要調降一級。

也就是說，原來是中階產級的人，要被調降為中低階級；當然了，原本就是中低階級的人，就要被調降到低層階級，他的下一級就是貧民階級。

為什麼？在「新貧庸時代」，世界各國的GDP都拉不高，企業獲利減少，薪水也會越來越低。可想而知，工作機會少，職場和市場中，只能留下菁英中的菁英，其他人只能靠打零工或回家啃老，度過平庸乏味的人生。

老實說，三十歲後你會站在哪裡，關鍵就在於，你是否能快速適應，這個「新貧庸時代」的叢林法則。

只是，很不幸的，我發現民國八十年代出生的年輕人，至少有七〇%的人，無法在「新貧庸時代」出人頭地，甚至會被這個「未來」像丟廚餘一樣的無情淘汰。

有一次，我幫某大企業老闆過濾人才，當天面試到了下午時，已經和十幾個應徵者面談。這些應徵者都是從國外名校回來的高材生，家世背景也不錯，言談間都很有自信。由於是要找儲備幹部，未來要掌管好幾億元的資產，因此老闆特別請教我，要如何從這些人才中，看出「未來」的潛力。

我回答：「**自律**。」他愣了一下，我又說一次：「是的，只有這兩個字。」他又問：「如何從短短的面試中，看出端倪？」

我說，第一，不要聽他們說什麼，好聽的話人人會說，要**看他們的衣角是否有皺摺、指甲是否乾淨、髮型和鞋子是否有用心整理過**。這只是顯性的訊息，有心人也可以做假，但參考價值仍然很高。

第二，真正要看出一個人的品格和自我修持，還是得看他們的隱性訊息，例如，**面試前在接待區的態度和行為，以及面試後離開公司的行為**。

企業老闆點頭稱是，於是請特助安排工作人員，側面的觀察這些應試者的行為。

當天來面試的都是從國外留學回來的菁英，只有一位是國內本土大學的碩士畢業生。這位本土碩士一進門，穿著、鞋子等細節，就被扣了很多分。

但是，接下來在專業領域的應對令人很滿意，他也很有企圖心，我和老闆都打了很高的分數。當天面試全部結束後，特助一一回報應徵者面試後的行為，大部分的應徵者表現都很一致，沒有什麼特別的狀況。

我和老闆都鬆了一口氣，正準備收拾文件離開時，特助的手機響了一聲，他臉色鐵青的看著我們。老闆揮了揮手，特助把手機拿過來，我們看了才知道為何特助臉色鐵青。

原來，樓下大門的警衛拍了一張照片過來，照片裡面是那位本土碩士，站在公司非常有設計感和未來感的大門旁，用三七步的站姿叼著菸，嘴臉看起來簡直像是紅燈區裡的皮條客，令人厭惡。更諷刺的是，他背後的牆上還掛著一個用英文寫著「不准吸菸」的告示。

老闆皺著眉頭看著我，我笑著說：「賓果，抓到了！」接著我就繼續收拾我的文件包，準備離開面試現場。老闆語重心長的說：「我覺得這位本土碩士的專業能力和企圖心很不錯，但是……。」我接著說：「連菸都戒不了的人，還談什麼自律，『未來』注定是貧庸奴才，千萬不能用。」

老闆點點頭，特助也說，像他們這樣的國際級公司，實在無法想像，會有皮條客嘴臉的吸菸客來上班，他真的連想都不敢想。

幾百年來，人類最大的敵人始終是自己。

我不是看不起本土大學的碩士或博士，更不是嫌棄他們的穿著打扮。事實上，要看一個人是否能自律、尊重別人如何看待他，他並不一定是穿高檔名牌，而是即使穿平價衣，卻能在細節上投入心力去維護和管理。

老實說，真的要比「未來」的競爭力，本土的學生在努力讀書及聰明度上，都不會比世界各國的年輕人差。但在氣質、格局及自律上，真的是差人一大截。

如果這位本土碩士，真的渴求這份工作，那麼，他至少要走遠一點再去滿足菸癮，不要連幾分鐘都不能忍。話說回來，如果這種素質極低的人，有朝一日真的成為專案主管，手握數億元現金，他是否能以最高標準自我要求？是否能不被癮頭控制，而影響到他的決策？

我有位老友是公關專家，他說，在商場和政界裡，有癮頭的人是最好收買的。不管是什麼癮頭，只要有一項，例如有菸癮，接下來就會有酒癮，接著是好色，最後是毒癮。

當然了，你可能會說我要求太嚴格，因為你只想成為平凡的上班族，只要有收入、有吃有住，私底下你要抽菸、喝酒或玩女人、男人，都不關公司的事。

然而，我想說的重點是，抽菸喝酒或談感情，都是人之常情，無可厚非，重點是不要成為它們的奴才。那位本土碩士如果不是菸癮犯了，為何一出大門就急著抽菸？

過去的庸才比比皆是，但頂多是平庸無才的過一生。然而在未來，在「新貧庸時代」，你的平庸不再只是平庸，而是會和貧窮連結的全新產物。學會「自律」，練就「斷癮」的功夫，比什麼學歷或證照都重要。

我不是歧視或否定抽菸的人，我只是從抽菸這件事，去判斷一個人的自律和人品。為何又能提到人品？

很簡單，當一個人想抽菸，他就**不管旁邊有不抽菸的人**，例如我，或者是婦女、小孩，也**不管當時場合是否適合抽菸**，例如電梯或走廊，仍然決定要抽菸，你想想，**這種人的人品能好到哪裡去？**

從我個人立場來說，我很討厭抽菸的人，同時也很鄙視他們。因為，每當他們又像奴才一樣，被菸癮呼來喚去，干擾了他們的工作、延誤了時機、喪失了尊嚴，因而競爭力下滑、工作效率減低，我反倒替他們感到悲哀。

同樣的，被酒和毒品或色癮控制的人，在我看來都是奴才，而不是庸才。

三十歲後，你會站在哪裡？是將才還是奴才？

不用問我，也不用問上帝佛祖，你手上是否乾淨，沒有菸味？週末夜是否醉倒在路邊，大小便失禁？是否沒有大麻或毒品，就沒有自信？你問自己就可以，因為這是最沒有誤差、最客觀的絕對值。

41 未來要比的，不是誰的證照多，而是誰的弱點少

當人力市場上，**九九％的人都擁有證照時**，你的證照就形同身分證一般。因此，那時要**比的就是「弱點」，誰的弱點少，誰就是贏家**。

這裡提到的弱點，主要是指人性的弱點。

以企業的角度來看，如果我要招募員工，必定會設下重重關卡考驗求職者，並且讓每個關卡都碰觸你的人性弱點，再來看你的反應。但即使你突破了重重關卡成為正式員工，在將來的升遷之路，你的弱點還是會變成你的障礙。

打個比方，先前朋友的公司正在招募新員工，要徵的也只是基層人員，卻來了不少四、五十歲，相當於主管級的應徵者。為什麼他們到了這個年紀，還不能在以前的公司繼續升遷，反而要回到人力市場的底層，重新應徵工作？最大的原因在於，**他們**

無法適應市場和時代的創新與改變。

如果你已經工作五年，你的穩重和作業模式會為你加分；可是當你工作到第九年，你的穩重和作業模式，卻會變成你的致命傷。

任何一個企業必須不斷的創新、進化，才能順應市場和消費者的需求，順利存活下來，因此，你必須打破「有證照就有工作」的迷思。在現今社會中，有證照不等於保障有工作，因為未來的「新貧庸時代」，是有別於過去那種穩定、運用線性邏輯的工作型態。

所謂「線性邏輯」就是從基層做起，慢慢往上升遷到技術階層，接著升到管理階層，再到決策高層。現在的職場，不再是線性邏輯的思維及升遷方式。當今許多企業因為跟不上時代的變化，落入瀕臨破產甚至倒閉的窘境。為了營救企業，他們找來的救星，往往都不是本業出身的。

這點不難從國際新聞看到這類報導，許多陷入危機的企業，找來的救星竟然是不同行業的。譬如，生產手機的業者，因為舊的思維已經太過僵化，業者不清楚現在的消費者要的是什麼，於是找來一個賣汽車的當CEO。

最典型的例子便是臉書，如果它的創辦人不是這麼年輕且腦袋機靈，臉書不可能成立，也無法創造如此成功的地位。試想，如果要一個保守派的人去創造網路平臺，臉書是不可能誕生的。說難聽一些，屬於穩健型線性邏輯的管理主管，是不可能在臉書這種公司上班的，因為兩者屬性完全牴觸。

未來是「非線性邏輯」的時代，非線性邏輯就是主管的思維、員工的升遷和公司的獲利模式，不再是依照過去既定的經驗慢慢累積，而是以跳躍、組合的方式，或是現今尚且無法料想的模式進行。

所謂組合模式，就像是之前新聞常報導的，兩個不同的事業相互組合，形成一個全新的產業。

像是有媒體業者因為業績下滑，結合飯店業者，打造第一座多媒體旅店，它不是單純轉型成為飯店，而是將兩者相互結合並存，這就是非線性邏輯。

過去線性邏輯的思維，只是會擴展相關領域的產品，例如服飾業者，一開始專賣女裝，而後慢慢增設男裝區、童裝區，甚至再向外圍擴展，增加帽子等配件區，但這都是同一類的商品。

但現今跳躍的思維下，不少服飾店選擇設置販售咖啡及甜點區，與餐飲做另類的結合。

因此，我想告訴大家的是，擁有證照真的不算什麼，擁有資歷也不是必勝籌碼，如果這些都管用，那麼初階人力市場上，怎麼會出現如此多四、五十歲，擁有證照的主管級求職者？

當然，人力市場出現這些人並不是什麼壞事，弔詭的是他們將自己降到基層人員的位階，這表示他們已經被原本的職場淘汰了。被淘汰之後必定又是到處碰壁，碰到很多企業的思考模式或需要的人才，都屬於非線性邏輯，於是，他們才下定決心從頭開始，到基層的人力市場去競爭。

決定你的生存率和成功率的，是你弱點的多與寡，這個弱點的定義，其實簡單來說就是，**你需要改變，而你無法改變的地方，就是你的弱點**。

有一個鐵板燒老師傅，他的手藝已經爐火純青，可是，他沒有任何證照。後來他考了張證照，開了一家鐵板燒餐廳，卻以倒閉收場。

五年後，他東山再起，這次成功在餐飲界立足，一連開了好幾家連鎖店。

有記者問他：「是什麼關鍵的轉折，讓你從倒閉的失敗中重新站起，並且達到今日的成功？」

老師傅答道，以前他以為是因為沒有證照的關係，客人才會減少，結果發現不是。

後來遇到以前的老顧客，一問之下才知道，他在客人面前做菜的時候，幾乎都是板著一張撲克臉，氣氛十分嚴肅，就算料理得再好吃，客人也覺得是在受罪。

接著，他發現鐵板燒這種形式的餐飲業，和其他的餐飲業很不同，一般餐飲業是看不到廚師料理過程的。有一次，老師傅出國散心，看到國外的鐵板燒是邊料理邊表演，節目精彩得令人嘖嘖稱奇，最大的賣點是和客人互動遊戲。現今的餐飲業已經演變成一種享受，不再只是單純的填飽肚子而已。

後來他想通了，去學習表演藝術，從網路上找了很多笑話，不停的練習，一開始他覺得很不自在，無法在客人面前自然的炒熱氣氛，可是他必須克服這個弱點。在不斷練習之下，他終於成功了。後來他訓練店裡每個師傅，每個人都要會說學逗唱。

未來的世界不停在改變，因此，不要以為你有證照，就代表擁有保障一生的護身符。市場的需求一直在改變，消費者的需求也一直在變，**當消費者需要什麼，你就必須提供什麼；當市場要你變成什麼，你就必須有所改變。若不改變，這就會成為你的弱點**，各行各業都是一樣的。

證照是必要的，但如果你沒有認清自己的弱點，不能克服弱點，那麼證照只會變成你的障礙。

Think 176

30 歲後，你會站在哪裡？

那些多方嘗試和不敢嘗試的人，都將淪入貧性循環，我該如何替未來做好準備？

作　　者／狄　驤
責任編輯／馬祥芬
校對編輯／林杰蓉
美術編輯／張皓婷
副總編輯／顏惠君
總 編 輯／吳依瑋
發 行 人／徐仲秋
會　　計／林妙燕
版權主任／林螢瑄
版權經理／郝麗珍
行銷企劃／徐千晴
業務助理／王德渝
業務專員／馬絮盈
業務經理／林裕安
總 經 理／陳絜吾

國家圖書館出版品預行編目（CIP）資料

30 歲後，你會站在哪裡？：那些多方嘗試和不敢嘗試的人，都將淪入貧性循環，我該如何替未來做好準備？／狄驤著 .
-- 初版 . -- 臺北市：大是文化，2019.05
240 面；14.8x21 公分 . --（Think；176）
ISBN 978-957-9654-03-6（平裝）

1. 職場成功法

494.35　　108003694

出 版 者／大是文化有限公司
臺北市 100 衡陽路 7 號 8 樓
編輯部電話：（02）23757911
購書相關資訊請洽：（02）23757911 分機 122
24 小時讀者服務傳真：（02）23756999
讀者服務 E-mail：haom@ms28.hinet.net
郵政劃撥帳號　19983366　戶名／大是文化有限公司

法律顧問／永然聯合法律事務所
香港發行／里人文化事業有限公司　“Anyone Cultural Enterprise Ltd”
地址：香港新界荃灣橫龍街 78 號正好工業大廈 22 樓 A 室
22/F Block A, Jing Ho Industrial Building, 78 Wang Lung Street, Tsuen Wan, N.T., H.K.
電話：（852）24192288　傳真：（852）24191887
E-mail：anyone@biznetvigator.com

封面設計／林雯瑛
內頁排版／林雯瑛
印　　刷／緯峰印刷股份有限公司
出版日期／2019 年 5 月初版
2019 年 5 月 22 日初版三刷
定　　價／新臺幣 320 元
I S B N／978-957-9654-03-6

本書為作者前作《30 歲後，你會站在哪裡？》1 ～ 3 集摘錄集結而成。